U0589282

DISCOVERY

让青少年着迷
的科普书

彩图珍藏版

探索
时间奥秘

胡俊清◎编著

吉林出版集团股份有限公司·全国百佳图书出版单位

图书在版编目 (CIP) 数据

探索时间奥秘 / 胡俊清编著 . -- 长春：吉林出版
集团股份有限公司，2013.12（2021.12 重印）
（奥妙科普系列丛书）
ISBN 978-7-5534-3916-7

Ⅰ.①探… Ⅱ.①胡… Ⅲ.①时间学—青年读物②时间
学—少年读物 Ⅳ.① P19-49
中国版本图书馆 CIP 数据核字 (2013) 第 317294 号

TANSUO SHIJIAN AOMI

探索时间奥秘

编　　著：胡俊清
责任编辑：孙　婷
封面设计：晴晨工作室
版式设计：晴晨工作室
出　　版：吉林出版集团股份有限公司
发　　行：吉林出版集团青少年书刊发行有限公司
地　　址：长春市福祉大路 5788 号
邮政编码：130021
电　　话：0431-81629800
印　　刷：永清县晔盛亚胶印有限公司
版　　次：2014 年 3 月第 1 版
印　　次：2021 年 12 月第 5 次印刷
开　　本：710mm×1000mm　　1/16
印　　张：12
字　　数：176 千字
书　　号：ISBN 978-7-5534-3916-7
定　　价：45.00 元

前言

Foreword

　　"探秘"类书籍一直是广大青少年朋友所钟爱的，这种类型的"精神食粮"，不仅充满着阅读趣味，而且饱含着大量的"知识养分"。"食用"它们的过程，就如"拨开"笼罩在各类神奇现象表面上的层层面纱的过程一样，每一层面纱的背后，都隐藏着令人惊叹不已的奇异"滋味"。这类书籍向我们开启了一扇通往未知空间的大门，带我们走进奇妙的物质世界。

　　《探索时间奥秘》这本书，用趣味横生而又不失科学严谨的语言，为读者朋友们献上了一把打开"时空殿堂之门"的钥匙，带领大家踏上探秘时间的旅程。这次旅行中，我们将对人类生活其中的整个时间、空间世界进行"游览"，并逐一"观赏"时空中充满神秘气息的"景观"，以使大家在了解时空的道路上有"捷径"可走。

　　相信大家读过本书之后，能够对令人着迷但又无可窥探的时间有更加深入的了解和认识，并获得一些关于时间的新知识。现在，让我们做好准备，一起向"时间之旅"开进吧！

目录

目录

第四章　时间的利用

第五章　时间与生活

第一章
怎么定义时间

时间是一个我们再亲密不过的"伙伴"，它存在于人类生产、生活的方方面面，像一位严谨的"指挥官"，在人类活动的十字路口指挥着"交通"。没有时间，我们的生活将会陷入怎样一种混乱不堪的境地？相信大家都很难想象。

但是时间是什么？它长什么样子？既然它对我们来说如此重要，为什么人们却"捕捉"不到它的身影？时间的河流从哪里发源，又将在哪里枯竭？种种问题萦绕在人类脑海中，难以破解。

Part1 第一章

看不见摸不着的**永恒**——时间

时间是每个人都再熟悉不过的一种概念了，它存在于我们生活的所有角落，但是从来没有人看到或摸到过它。

时间是什么，它的源头在哪里，又将在哪里停下奔流的脚步？在宇宙的无垠隧道中，它是以怎样的"姿势"往前"行走"的？千百年来，人类被这些问题深深地困扰着，也不断地在无涯的时间原野里探寻着。经过数代人不懈的努力，人类终于从一些已知的线索中，揭开了时间这个神秘存在的"冰山一角"。

时间是一个不规则的尺度

不知道大家有没有注意到生活中的一个非常有意思的现象：当一个人乘坐一架没有任何特殊功能的飞机，围绕着地球做一次环球旅行之后，似乎会变得比之前更加年轻。这个匪夷所思的现象，实际上是"时间效应"这个古灵精怪的家伙在操控的：在不同的空间里，当重力、速度等条件不尽相同的时候，它就会相应地

"调快"或者"拨慢"控制时、分、秒的指针，使时间出现"延长""缩短"的情况。

虽然这样的答案多少有些令人难以置信，时间本身也"露出"和人们生活非常"亲近"的样子，但这个行踪莫测的"神秘人"确确实实是一个不规则的尺度。它和很多其他物质一样，在外在因素的影响下，会形成不同的标准，甚至会改变原有的"运行轨道"。

时间不只是一座钟那么简单

普通人往往把时间和钟表联系起来，认为时间就是钟表中嘀嘀嗒嗒行走着的三根指针。它的出发点是 0 点，目的地是 12 点。有意思的是，随意观察一下我们就会发现，在钟表这个小空间里，时间的起源地其实是和终结地重合的。但是在科学上，时间真正的开端可以追溯到 160 亿年前，它的概念远远不只是一座钟那么简单。

那么，时间究竟是什么？古往今来，不同领域的科学家们对此做出了不同的解答。

在古希腊哲学家亚里士多德看来，用几何学知识来解释，时间点就像几何形点，虽然每一个点都占有自己的位置，但这些点密不可分地聚集起来，从而形成一条线段。每一个"现在时间点"都是"过去时间线段"的终点，同时也是"未来时间线段"的起点，这些"现在时

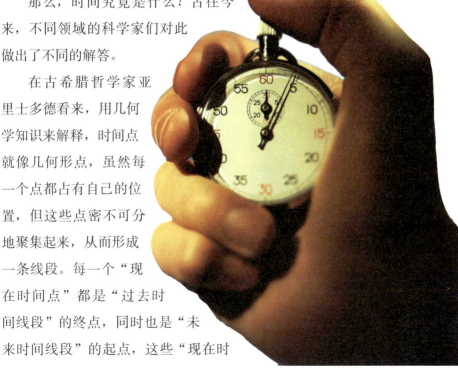

探索时间奥秘

间点"是没有几何量的，只有"过去时间线段"和"未来时间线段"共同构成"总体时间"。这是历史上第一个从几何学角度给出时间定义的先例，这一"时间观"准确而严谨。

伟大的英国科学家牛顿认为，时间是一个独立于任何其他事物存在的客体，它神秘而绝对，超越世间一切；"世界十大杰出物理学家"之一、"现代物理学之父"爱因斯坦则提出，时间并非一种在大自然中无拘无束地奔腾的动物，而是一个具有固有标准和规则的尺度。

尽管这些科学家的观点都有可取之处，但即使在科学技术高度发达的现代，时间也并没有像其他的实际事物一样得到具体的定义。人们用不同的尺度来度量时间，把时间作为确定事件的标志，让时间成为可为生活服务的一种媒介。

知识小链接

时间是从不停歇地往前走，还是"走走停停"？是像水流一样流动，还是像电影画面一样间断播放？这些问题引发了人们对"时间是否有开端"这一问题的讨论，虽然至今还没有定论，但可以肯定的是，在我们目前所知的范围内，时间是永恒存在的。至于时间到底是从哪里迈出了它的第一步，还有待后来人的进一步探索。

Part1 第一章

时间悄悄过去, 留下多少秘密

一天天, 一年年, 时间悄悄地从我们身边溜走, 带走了许多珍贵的事物, 留下了一个无法解开的大秘密。

如果你在思考"什么是时间"时遇到障碍, 转而向诺贝尔奖得主理查德·弗因曼求教, 他的回答一定会出你所料, 因为这位每天都和时间打交道的物理学家也不知道答案。

长久以来, 人们对时间的关注度远远高于自然界中的其他事物, 在大部分文学作品中, 人们习惯于把时间比作奔腾不息的长河, 许多杰出的科学家也提出了较为科学的时间定义, 但时间这一永恒的话题至今仍是一个未解之谜。

"跃进"中的时间介质

从古至今的大量实践都证明, 设计能够精确测定时间流动方式的介质, 是对人类智力的极大考验。从远古时代开始, 人类就不断地在完善历法、改进时钟的道路上摸索着, 经过苏美尔人、埃及人、罗马人的持续努力, 终于得出了三千多年内误差不足一天的格雷果里历法, 这也是今天普遍使用的历法。

同历法一样, 时间的载体——

时钟也经历了一个漫长的发展演变历程。在人类社会形成初期，人们为了确定身处何时，就把一天划分为很多小单位，并将太阳作为计时工具，利用插在地上的棍棒的投影来计算时间，这就是日晷仪的最初形态。

11 世纪，中国出现了一种以水轮为动力装置，以机轴和连杆构成主要结构，以锣、铃、鼓来打点报时的机械水钟。这台"体形"巨大的报时设备由学者苏颂制造，是钟表的"胚胎"。

13 世纪，英国诞生了早期机械钟。这台钟有着生铁打造的齿轮，没有表盘，依靠重力驱动，是一家修道院制作的，用来向教徒们通知祷告开始时间。

1948 年，科学家们发明了高度精准的铯原子钟，从那时开始，世界上的五十个计时中心就以原子钟作为细分每一秒的工具。在美国有一台铯原子钟，在 30 万年内只有不到一秒的误差，可见铯原子钟的精度之高。

时钟的发明，使精确计算事件发生的时间跨度成为现实。但作为一种存在一定限制的装置，钟表所能指示的也只是一瞬间的时刻，它可以提示人们在这一时刻该做什么事，但不能明示我们究竟该怎样去理解时间的概念。

自然界有其特有的计时器

在钟表被发明之前，自然界就已经有了衡定时间的标准，也就是说，自然界"生成"了自己特有的计时器。通过对过去五万年间地球上生物的研究，美国化学家发现这些生物体内都含有一种名为碳 14 原子的物质，它是天生的"计时专家"。通过测定碳 14 原子的含量，科学家可以还原木乃伊等文物的年代，以探测远古时代的奥秘。

计时世界的另一个组成部分，即人们所熟知的钟——生物钟，则主导着人的生理节奏，研究人员认为这是将一周定为七天的原因。造物主为人体"设定"了一个生理节奏循环周期，约为 25 小时，略长于自然时间，以提高人为生存而奋斗的紧迫感。生物钟能调节人体的化学免疫反应和心率、血液循环等，一旦被扰乱，将会导致人精神不振、睡眠失衡，甚至抑郁。

昨日之日不可留

人们在懊恼过去或埋怨现状的时候，常常会发出这样的慨叹：若能回到过去就好了。这种愿望是美好的，如果拥有穿越时间的能力，也许我们能够弥补生活中的许多遗憾。但是，在科学家们看来，时间却是不可逆转的，我们所在的时间大道是一条"单行道"，从过去通往未来。时钟上的一秒移动之时，也就是这一秒永远消逝的时候。从这个意义上说，每一个短暂的瞬间，都是永恒的刹那。

"弃我去者，昨日之日不可留"，正因为逝去的时间不可能再重新拥有，它才显得弥足珍

知识小链接

16世纪，意大利一位名为伽利略的青年人，在观察比萨教堂内的一盏吊灯时发现，不管吊灯每次不停地来回摆动时的幅度有多大，所用的时间都是一样长短的。于是，他灵机一动发明了钟摆。但世界上的第一架摆钟出现在七十年后，是荷兰一位名为惠更斯的科学家发明的，这座摆钟是人类进入精确计时时代的"敲门砖"。

贵。与其对流逝的过去追悔莫及，不如把握每一个现在，创造美好的未来。

无论在时间的背后究竟藏着怎样的秘密，它对人类生活的影响都彰显着它存在的重要意义。利用好时间，可以使我们在处理工作和生活的关系时变得游刃有余。有一句著名的话说，时间是使万物免于同时发生的手段，如此，何尝不把时间理解为高度发展的现代社会与较为落后的原始社会间的分界线呢？

Part1 第一章

四季的"起点"和"终点"

春季草长莺飞，夏季绿意盎然，秋季金风送爽，冬季白雪皑皑，季节变换使世界多姿多彩。那么，四季是从哪天开始的呢？

我们知道，一年中有十二个月，人们常常以三月份为开端，每三个月为一个季节，将一年分为四季。但四季确切的"起点"和"终点"分别是哪一天，很多人并不清楚。

我国的四季和西方的四季

在我国，一般习惯以二十四节气中的立春、立夏、立秋、立冬为节点，将一年中白昼时间最长、正午太阳高度最高的季节规定为夏季；将白昼时间最短、正午太阳高度最低的季节规定为冬季；将白昼和黑夜时间相差不多，正午太阳高度较为合宜的季节规定为春季和秋季。春季和秋季是冬夏两季间的"过渡段"。其中，春季的起点是立春，中点是春分，终点是立夏；夏季的起点是立夏，中

点是夏至，终点是立秋；同理，秋季和冬季的起点分别为立秋和立冬，中点分别为秋分和冬至，终点分别为立冬和立春。

虽然我国人民在划分四季时，赋予了季节较为鲜明的天文学色彩，但现实的气候条件却并不"支持"这种划分理论。比如，立春时气候尚处于隆冬时分，立秋时气候还属盛夏，将它们作为春季和秋季的起点，未免有些牵强。

在西方，人们一般将春分、夏至、秋分、冬至作为四季的"出发点"。这样一来，西方的四季就比我国的四季各晚了45天左右，当我们处在夏季的前半部分时，西方世界还在过春季的下半部分呢。

虽然季节的时间分配不尽相同，但我国和西方的四季划分有一个共同点：分界线都是"二分"和"二至"，都遵从天文学原理，对气候特点考虑得不够周到。

气候学上的四季

如果依据天文学定义，一年四季就长短相当，同一季节的起点和终点也不受纬度限制。但是从气候学角度来说，四季就不一定长短相等，不同纬度上，季节的起止点也不同。

在气候学上，四季的划分是以平均温度为标准的，22℃和10℃是两个"临界点"：10℃以下的时期为冬季，10℃到22℃之间是春季和秋季，22℃以上是夏季。这样的季节划分反映了自然气候条件，更忠实于气候本身，也使不同地区的四季有了统一的温度标准。

二十四节气歌，是为便于记忆我国古时历法中二十四节气而编成的小诗歌，流传至今有多种版本。

春雨惊春清谷天，
夏满芒夏暑相连。
秋处露秋寒霜降，
冬雪雪冬小大寒。

但是，这种划分方法也引起了一些"并发症"：同一地区的四季长短不一样，同一季节在不同地区不能同步起止，在一些年温度差异较小的地区，甚至没有四季的区别。

不管科学上怎样对一年中的季节进行划分，自然机器始终都依照着它自身的规律运行，呈现着各具风情的春夏秋冬，为我们带来不同的风景和感受。

■ Part1 第一章

"地球村"的统一时间——世界时

> 我们把地球比作一个巨大的村庄，如果村子里的每一户人家都用着不同的时间，邻居间交流起来就会有很大的障碍。

在遥远的过去，世界上各个国家和地区之间的联系还不是那么紧密，每个国家和地区都使用自己的时间计量系统，也不会产生太大的不便。但是今天，科学技术的飞速发展使整个地球连成了一个村，不同的国家和地区就像居住在村子里的邻居一样，需要保持密切的交流联系，这时，一个统一的时间计量标准就成为了"管理村务"的"必备武器"。于是，人们提出了"世界时"的概念。

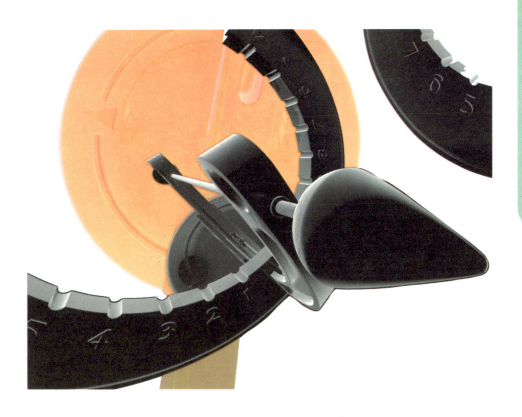

什么是世界时

人们以本初子午线为世界时区的划分依据，将西经 7.5 度到东经 7.5 度规定为零时区。在零时区的东西两面，按照每 15 个经度为一个时区的规则，将全球划分为二十四个时区。这些时区都以本区中央经线的地方时为标准时间，每两个时区的时间间隔为一个小时。但在实际使用过程中，人们往往会根据需要对这些规则进行调整，这就导致了各时区时间的差异性，给国际交流带来了不小的麻烦。

在英国伦敦南面，有一个名为格林尼治的地方，这里是地球上地理经度的

知识小链接

世界时是地球自转的成分之一，它的数据是地震预报、板块运动、太阳系起源等科学研究的重要参考。生活中世界时的应用十分广泛，早在 1960 年以前，它就已经成为国际上的基本时间计量体系。但由于自身的局限性，现在世界时的这一功能已被历书时取代，它也"转战"到天文、测量、导航、宇宙探索等领域，继续发光发热。

起始点。为了方便，人们将格林尼治时间定为"世界时"，并规定世界各地的地方时和世界时之间的时间差，等于该地的地理经度。这意味着如果知道了世界时，就能很快地计算出本地时间。例如，我国的北京时间比格林尼治时间早8个小时，当格林尼治时间为上午12时时，北京时间为晚上8时。

世界时的使用，为"地球村"居民提供了极大的便利。人们可以阅读用世界时报道的新闻，来了解"村子"里发生的大小事务，也可以用世界时记录"村子"里的重大事件，避免历史记载出现不必要的错误。

世界时是怎么测算的

世界时是一种基于地球自转的时间计量体系，它的测算和恒星运行规律有着密不可分的关系，人们可以通过恒星时来推算世界时。通常，中星仪、光电中星仪、照相天顶筒、超人差棱镜等精密仪器是人们观测恒星的主要媒介，这些仪器精度非常高，每晚测算的世界时误差在5毫秒以内，全年综合误差在1毫秒以内。

近年来，在种种因素的限制下，世界时的测算精度未能得到进一步提高，但是测量的方法和技术得到了飞速的改进和提升。我们相信，在不久的将来，世界时的测算精度定能更上一层楼。

Part1 第一章

国际时间标准——历书时

身处高速发展的现代社会，快节奏的生活规划离不开精确时间的指导。在国际上，统一的时间显得尤为重要。

我们知道，地球上的各个国家和地区所使用的时间是不一样的，当有些地方已经是白天的时候，另外的一些地方的人们可能还在睡梦中。试想一下，在融合程度越来越高的国际社会中，如果关系紧密的国家和地区在安排国际事务时，都按照各自的时间，不管对方在时间上是否方便，会造成什么样的局面？那么，不同的国家和地区如何才能保持统一的时间？这里就需要国际通用的时间标准——历书时来帮忙了。

历书时的来历

说起历书时，它的"来头"可不小。在 1960 年之前，国际上使用的统一时间标准是世界时，但是在 1960 年召开的第 11 届国际计量大会上，历书时作为一种更为精确的时间系统，成功地"打败"了世界时，在国际天文学联合会的见证下，登上新一代国际时间标准的"宝座"。

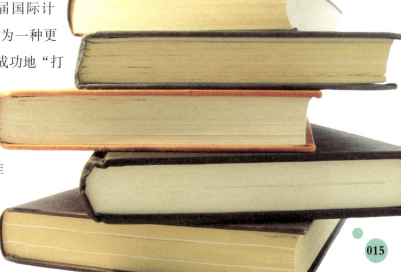

历书时简称 ET，又名"牛顿时"，是人类在地球公转的过程中，观测太阳、月球和其他太阳系内的天体时，用来表达天体运动的时间变量。国际上依据美国天文学家纽康编订的太阳历表，将历书时的起点定为 1900 年 1 月 1 日 12 时正，在过去很长一段时期内，它都被用在天体历表中，来推算太阳系内天体的位置。

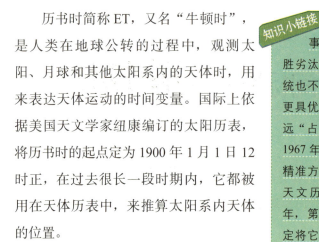

知识小链接

事物的发展变化总是遵循"优胜劣汰"的自然准则，时间计量系统也不例外。历书时虽然比世界时更具优势，但是并不代表它能够永远"占据"国际时间标准的位置。1967 年，历书时的国际职能被更为精准方便的原子时取代，但它仍在天文历表中担当重任，直到 1976 年，第 16 届国际天文学联合会决定将它的这一功能也"转交"给原子时。

历书时的测算

那么，历书时是怎么测算的呢？既然历书时是人们用来推算天体位置的时间体系，那反向来推，它的测算方法跟天体的位置必然有着联系。

根据天体历表上规定的历书时，我们不难知道天体所处的位置。同理，根据某时某刻的天体位置，也可以在历表上查到相应时刻的历书时。一般来说，太阳是人们测定时间的主要参照物，但在历书时的测算规则中，由于太阳的观测难度要远远大于月球，所以目前人们使用的历书时是通过观测月球得来的。但这样一来又产生了新的问题：从地球上观测月球的视野较宽泛，加上月球本身的轮廓较参差，所以观测精度较低，在很大程度上影响了历书时的精度。

Part1 第一章

时间世界里的"协调者"——原子时

生活中，如果人和人之间产生了矛盾，会需要他人的调解。在时间的世界里，如果出现了"矛盾"，也需要一位"协调者"。

大家都知道，生活中调解人和人之间矛盾的，要么是邻居，要么是警察。那么，时间世界里的"矛盾调解员"是谁呢？了解过相关知识的人都知道，世界时和历书时曾分别担任过这个"角色"，但世界时由于受地球自转速度不均匀的影响而不够精确，历书时也因种种因素存在着很大的自身局限，它们都不能满足人们日益增长的时间计量需要。那么，谁会接它们的"班"，成为下一任时间"协调者"呢？

1967年，国际计量委员会召开了第13届大会，宣布了一个对整个世界都产生了重大影响的决定：由原子时取代历书时，成为"新一任"世界时间标准，从此，世界时间进入了一个更为均匀的计量系统。

原子时的定义是什么

原子时是一种根据原子钟读数得出的时间，它的理论基础是物质内部的原子运动规律，以原子内部的电磁振荡频率为计时基准。国际上将原子时的初始点规定为 1958 年第一天的世界时零点，与世界时相差 0.0039 秒，但是这一时差并未被校正，而是作为一件史实被永久保留，并在之后地球不断的自转过程中，积累得越来越大。

知识小链接

为了协调原子时与世界时间的差距，国际社会常常会对钟表上的时间进行"增减"。北京时间 2012 年 7 月 1 日就出现过这种奇特的现象，全球时间增加了一秒。当时，钟表上出现了 7:59:60 的特殊情况，天文学家表示，这只是国际上"协调"时间的一种方式，对人类社会完全没有影响。

为了使用方便，国际上还将原子时的基本计量单位规定为原子秒，这也是国际单位制的时间单位，是三大物理量基本单位之一。在此基础上，人们可以在世界上的任何一座原子钟上读出原子时，国际计量局汇总各地方实验室的原子钟导出的地方原子时后，对这些数据加以处理，从而确定出国际原子时。

原子时的工作原理是什么

原子时这位时间世界的"协调者"是怎么工作的呢？在量子物理学原理中，原子吸收或释放电磁能量的依据是原子核"身边"的电子层的能量差，并且，这些电磁能量没有持续性。当原子从高能状态运动到低能状态时，它会发射出一种频率不连续的电磁波，这种频率就是通常说的共振频率。而且，在同一类原子中，共振频率是固定的。

20 世纪 30 年代，科学家拉比发明了磁共振技术，在这项技术的帮助下，他在研究原子和原子核基本特性的实验中，测量出了原子的自然共振频率，并因此获得了诺贝尔奖。后来，在意识到原子共振频率的准确度非常之高后，拉比和他的学生将它应用到时钟制作中，利用和它完全相同的频率制造出产生时间脉冲的节拍器，设计出了精度极高的原子钟。

原子时在生活中有哪些应用

在日常生产生活的很多方面，尤其是在一些精密的科研项目中，准确的计时工具必不可少。在国际交往中，统一而精确的时间不仅可以为交流的双方带来便利，还是显示尊重对方的重要手段。目前，原子钟是一种最准确的计时工具，原子时的准确度也比世界时的每天数毫秒更为精确，仅为数纳秒，在天文、航海、宇航等方面发挥着重要作用。

❖ 原子石英表

■ Part1 第一章

奇特的"协调时"和"闰秒"现象

在时间的世界里，存在着千千万万的谜团，它们像一个个充满未知的神秘古堡，等着人们前去探索、揭秘。

在时间范畴内所有的奇特现象中，"协调时"和"闰秒"是十分有意思的两种现象。那么，什么是"协调时"，什么又是"闰秒"，它们对我们的生活有着怎样的影响呢？让我们一起走进丰富多彩的"协调时"和"闰秒"世界，来解开这些谜团。

国际协调时间——协调时

在社会不断向信息化时代迈进的现当代，人类的生活早已为时间所"绑架"，不管是通信、定位、测绘等国家系统和部门，还是计算机、电话、传真等生活服务工具，都离不开精确的时间来指导其高效率、高质量地运作。在这样的环境下，为确定时间，国际社会约定了两种计量系统，一种是建立在地球自转基础上的"世界时"，一种是建立于原子共振频率基础上的"原子时"。但由于"世界时"和"原子时"在规定"秒"的定义时，没能达成"统一意见"，在漫长的"相处过程"中，因地球自转速度越来越慢，二者之间的"分歧"越来越大。为了让它们在季节变换中"步伐"保持一致，以方便人们日常使用，国际社会提出了"协调时"的概念。

"协调时"诞生于 1972 年，以原子时秒为计量单位，与平均太阳时相差不到 0.9 秒。这意味着"协调时"与"世界时"间的时差不足 0.9 秒，为了保证这一标准，有时候国际地球自转事务中央局会适时在"协调时"内加上正负闰秒，这就是"协调时"与"国际原子时"间存在整数秒差异的原因。通常，闰秒会出现是每年 6 月 30 日、12 月 31 日的最后一秒。

特殊的秒——闰秒

提起闰秒，许多人都会发出疑问：听说过"闰年"、"闰月"，但"闰秒"是怎么回事？其实，闰秒和闰年、闰月一样，是人们用来调节时间的一种手段。在正常情况下，一到两年的时间内，国际通用的"世界时"和"原子时"就会产生一秒钟的时差，而"闰秒"的存在是为了"协助""协调时"的工作，根据实际需要，在一年的年底、年中或者某个季度的末尾，对"协调时"增加或减去一秒，从而使它与"世界时"时刻保持"近距离"。其中，增加的一秒称为"正闰秒"，减去的一秒称为"负闰秒"。

小概念，大用处

尽管"协调时"和"闰秒"都是很小的时间概念，但它们在整个时间体系中发挥着不容小觑的作用。"协调时"被使用在互联网、军事、时差计算等领域，根据科学家的预测，在五千年之后，"原子时"极有可能比"世界时"快上一个小时，这时候就需要发挥闰秒的"能力"对其进行调整。

1971 年，国际社会首次增加了一个闰秒，在此之后的几十年里，"协调时"总共调整了 24 个闰秒。而"原子时"在 1958 年诞生后到 2006 年之间，与"世界时"间的差异已经累积到 33 秒，也就是半分钟之多。

知识小链接

凡事有利必有弊，闰秒的诞生也是这样的一个例子。在一些要求高时间精度的领域及一些科研机构都需要使用"原子时"，如卫星导航的发射就需要将时间精确到微秒以上，因此，作为系统内部参数，时间的连续性非常重要。闰秒的使用，虽然能在一定程度上对时间偏差进行"矫正"，但其对时间的中断影响也客观存在。

Part1 第一章

时间"经济学专家"——夏令时

现实生活里经济学专家的工作是利用专业知识促进经济发展，那么，时间世界里的"经济学专家"是谁呢？

每逢炎炎夏日，天就比平时亮得早一些，又比其他季节黑得晚一些，但人们的作息时间并没有相应地改变，早上还是在固定的时间去工作，晚上还是很晚才休息。这样一来，晚上城市里就会到处灯火通明，用去许多的能源，白天大好的阳光却被白白地浪费掉了。不妨简单计算一下，世界上有几十亿人口，如果每个人都浪费一点能源，那么总体的数目就非常可观了。通常遇到这样的问题，人们都会请经济学专家来帮忙解决，于是，时间世界里的"经济学专家"——夏令时就应运而生了。

日光节约时制——夏令时

夏令时又名"日光节约时制"，是人为地规定地方时间以节约能源的计时制度。当夏季来临，天亮时间提前，人们就会实行这一制度，将钟表上的时间人为地拨快一个小时，以促使人们充分利用白天的日照时间工作、学习。

夏令时实行的主要目的是节约照明能源，目前世界上每年有 110 个国家实行这一时制。在这些国家中，俄罗斯在 2011 年 3 月 27 日将钟表拨快一小时后，宣布不再拨回，永久进入夏令时制状态。

夏令时在世界上的发展情况

18 世纪美国最伟大的科学家本杰明·富兰克林，在农村贵族生活中养成了早睡早起的习惯。他担任驻法大使时，发现法国人大多临近中午时才起床，接近凌晨时才休息，他觉得这样的生活习惯不太合理，就在《巴黎杂志》上发表文章替法国人算了一笔账：如果法国人都像他一样早睡早起，每年可以省下近 3000 千克蜡烛！但当时富兰克林并没有明确提出夏令时的概念。

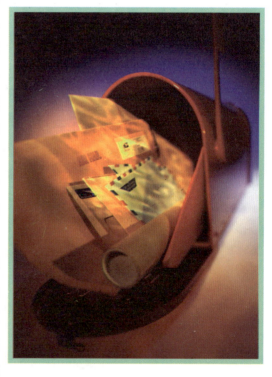

夏令时正式被提上国家事务的"桌面"是在 1907 年，英国建筑师向议会建议使用夏令时，以延长士兵的训练时间和节省能源，但议会最终没有通过这个提案。直到 1916 年，夏令时制在德国首次实行并取得了很大的成功，英国才跟风而行。而法国在了解到夏令时制可以节省 15% 的能源后，紧跟着也实行了这一制度。此后，俄罗斯和美国分别在 1917 年和 1918 年实行了夏令时，其中，俄罗斯在 1981 年将夏令时定为常规制度，美国的夏令时制在第一次世界大战后就取缔了，在 1942 年二战时才被重新启用。

在我国，夏令时也曾在一些地区发挥过重要作用。这项制度开始于 1986

年 4 月，在 1992 年因为全国范围通用同一个时间计量标准，实施起来反效果较多而结束。它规定每年在 4 月中旬和 9 月中旬的第一个星期天的凌晨 2 点，分别将时钟拨快和调慢一个小时，以示夏令时开始和结束。

夏令时的优点和不足

总结世界各国夏令时使用经验可知，夏令时的实施不仅是一项重要的节能手段，每年可以为全世界节约大量能源，而且这项制度可以使一些夜盲症患者减少夜间活动，从而避免许多不必要的意外发生。

夏令时制在一些高纬度地区受到许多人的欢迎，在其他一些低纬度地区却并没有受到那么高的重视。因为低纬度地区的夏天夜晚非常闷热，早上更适合睡眠。同时，在"日出而作，日落而息"的农民看来，夏令时制会带来许多不便，他们要起来更早。而且，夏令时制还导致相关部门每年都需要修改交通运输时刻表。此外，有专家指出，夏令时制对旅游业和能源消耗也有不良影响，并扰乱了人的正常生物钟，尤其对儿童和老年人不利。

■ Part1 第一章

地球现在多少岁了

生活在地球上的人都有年龄，用来记录他在世界上经历过的轨迹。那么，地球本身的年龄是多大呢？

自古以来，人类就非常关心地球究竟存在了多长时间，也对地球的年龄进行了一些推测和考证。比如在中国的一些古文献记载中，地球存在了 326 万 7 千年；17 世纪一位西方神父则认为地球诞生于公元前 4000 年，由上帝创造。但由于缺乏可靠的科学依据，这些说法均站不住脚，只是古人的想象，地球的年龄问题始终悬而未决。

20 世纪前人类对地球年龄的科学探究

后来，随着科学技术的发展，人类开始通过科学方法来探究地球的年龄，并取得了一些成绩。

生活在 17 世纪到 18

世纪期间的英国物理学家哈雷，是第一位尝试者，他提出用研究大洋盐度的方法来推算地球年龄。这种方法假设海水起初不含盐分，河水在注入海洋时把盐分带入海水，如果知道了海水总的含盐量和每年河水冲入海洋的盐分量，就能通过推算海洋的年龄来计算出地球存在了多少年。但这种方法并不十分严谨：谁也不能肯定海水原本是淡的，也不能确定海洋每年增加的盐量是否相等，而且地球是否和海洋同时诞生也是个未知数，因此难以成立。

❖ 地表

　　除哈雷之外，还有一些科学家试图从海洋方面找到推测地球年龄的"突破口"。他们希望通过计算长久以来海洋总沉积率的方法，算出海洋的年龄。但不停的海洋运动影响着海底沉积，这种"迂回战术"也不可靠。

　　此外测算地球年龄的方法还有太阳能估算法地球冷却说和相对年龄说。太阳能估算法 1854 年由德国著名科学家赫尔姆霍茨提出，计算出的地球年龄在 2500 万年以下。地球冷却说：1862 年由英国伟大物理学家汤姆生提出。这种说法认为，地球的年龄与它从初期的炽热状态逐渐冷却到稳定状态的历程有密不可分的关系，应为 2000 万到 4000 万年。虽然这个数字比实际小太多，但它是一种非常有益的早期尝试。相对年龄说：这种理论基于 19 世纪达尔文的进化论，它认为研究生物化石的相对年龄有助于确定地球本身的相对年龄。

20 世纪关于地球年龄的一些说法

　　20 世纪科技突飞猛进，科学家们发明了测定地球年龄的最佳方法——同位素地质测定法。科学家们根据这一"地球年龄标准计时钟"，通过测算地

什么是同位素地质测定法？

20世纪初，人们发现地壳中广泛地分布着一种微量放射性元素，这种元素的原子核中能放射出可以变成其他元素的粒子，这种现象即为放射性衰变。放射性衰变的速度是始终稳定的，不受外界条件影响。根据这一点，科学家们通过测定某种元素在岩石中的含量，来确定岩石的年龄，并推算出地球的年龄。

球上最古老岩石的年龄，计算出地球年龄在38亿岁。这种方法有很强的理论依据，但由于"襁褓中"的地球温度非常高，地球诞生时最可靠的凭证未必是最古老岩石，它只可能是地球冷却后的产物。

20世纪60年代后期，科学家们提出了太阳系起源星云说，认为太阳系中天体的形成时间大致相同。同时，他们从月球表面上取得了约形成于44亿至46亿年前的岩石标本，并推算出各类陨石的年龄是在45亿到46亿岁之间。因此，科学家们间接地推测出地球的年龄是46亿岁。

虽然这些推算地球年龄的尝试是值得肯定的，但直到现在，也没有人找到证明地球已经"生存"了46亿年的确凿证据。

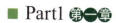

Part1 第一章

大脑对时间的感知

> 我们看着钟表的指针一圈一圈地转动着，或者是看着电子钟的数字一秒一秒地不停地跳动着，感觉着时间的飞逝，这些时间流逝是眼睛看到的，还是大脑理解的？

我们看着指针转动或者是数字跳跃，让我们感觉到时间在一秒秒地流逝，这仅仅是我们对时间的感知。然而对于时间的感知的度量却是一个很难的课题。

科学家们发现，人们每天 24 小时有规律的"睡眠/醒来"的生理节奏，是由视交叉上核神经元负责控制的。而视交叉上核神经元是由大约 1 万个大脑细胞所组成的。美国贝勒医学院的神经科学家大卫·依格曼的研究焦点，是想要确切地找出其中的一些细胞在每一时刻都发生了什么。依格曼设在贝勒医学院的感知与行为实验室，也是目前国际上唯一专注于通过试验获得关于人们对时间感知的可靠数据的研究机构。

现在对于大脑对时间流逝的感知的研究已经不再是哲学家们自己的研究课题了，医学扫描和电脑分析技术的进步已经能够让科学家们以毫秒为单位来监控人的大脑的活动。但是由于目前人类智慧有限，有些基础的问题仍然困扰着研究人员。特别是对"时间膨胀"这一现象的解释——时间膨胀理论认为当人的生命遇到威胁的时候，人就会感觉时间变得慢下来。

依格曼的对于人们对时间的感知的研究生涯是从视觉上开始的。2000年，他对"闪烁滞后效应"产生了浓厚的兴趣，科学家对这种视觉错觉现象并没有找到合适的解释。"闪烁滞后效应"是这样一种状态，比如在电脑显示屏上，一个蓝色的圆圈围绕一个固定的点做圆周运动，每过一段时间，圆圈中央的蓝色部分会在几分之一秒的时间内变成白色。有时候，你会感觉这个不停做圆周运动的蓝色和白色的圆圈看上去仿佛是重合在了一起。依格曼认为这可能是一种时间错觉，受到欺骗的是试验者的大脑，而不是眼睛。短暂闪现出的白色，是大脑提前假想出蓝色将在几毫秒后出现的位置，并将它与进入你的意识中的实际视觉感受叠加在一起时产生的现象。这是依格曼研究视觉错觉的第一个证据，但是它只能证明我们对时间的感知，并不能完全准确地反映我们认为是"现在"的这一时刻里发生的事。

依格曼认为这是因为大脑在不断地校准时间间隔。用个确切的例子来说，我们现在拨动开关去打开一盏灯，每次按下开关之后都有200毫秒的延迟，灯光才会亮起来，你的大脑就能识别出这种固定的模式，并会自动忽略掉延迟的时间差。这样，在你拨动开关的时候，感觉就像是灯立刻亮了起来一样。如果这个时候把你放到另一间房子里，而那里的灯是一按下开关马上就亮起来的，那么你就会感觉好像是在你按下开关之前灯就自己亮了一样。这是因为你的大脑暂时还卡在原来那盏灯的思维模式中。

九宫格

4	6	5	8	3	1	2	7	9
7	8	2	4	9	6	3	1	5
1	3	9	5	7	2	4	6	8
6	9	4	1	2	5	8	3	7
3	2	8	6	4	7	5	9	1
5	1	7	9	8	3	6	4	2
8	4	1	2	6	9	7	5	3
2	5	3	7	1	4	9	8	6
9	7	6	3	5	8	1	2	4

依格曼在人们玩九宫格游戏的时候用功能性核磁共振扫描仪监视他们大脑皮层的反应。经过扫描发现：当人们体验到时间延迟的时候，负责处理相互矛盾信息的大脑前扣带回皮层的活动就会增加，这个发现说明大脑中存在着至少两个不同版本的时间，一个主计时器

告诉你对"现在"的感知，而另一个计时器则在不停地对主计时器进行调整。

时间膨胀是说时间并不是永远以人们感受到的现在的这种速度进行的，它也会发生变化。它一般是和速度有关的，速度越快，越接近于极限速度，时间就会越慢。

重复进行的试验支持了上述结果：与由布罗卡区控制语言功能、枕叶控制视觉不同，人类对于时间的感知并不是由大脑的某一个区域集中控制的。研究这一领域中的大多数科学家都将工作的重点转向了大脑中的不同区域如何相互协调才最终实现了对时间感知的统一认识。只不过首先要证明有没有能力改变解读数据的速度。依格曼小时候从屋顶摔下来时感觉时间似乎变得很漫长。这让他想到，如果将人从高处扔下去，或许能够找到答案。于是就出现了"悬挂空中飞人"的试验。

"悬挂空中飞人"试验是让试验者从 45 米高空自由落下，看他们的大脑是怎样切换时间到慢动作模式的。这个试验的场地是位于达拉斯的零重力惊悚游乐园里的一台游乐设施："悬挂空中飞人"，当操作员松开试验者身上的绳索时，试验者便会从 45 米处的高空自由落下，直到落到下面那张保险网上。可怕的自由落体过程总共持续 2.6 秒钟，但对试验者来说，感觉时间却要漫长得多。根据这次试验的发现，依格曼对试验者增加了一项新的内容，那就是在试验者手腕上佩戴一个感知计时器——是有两块 LED 屏幕，每块屏幕都不断地随机闪烁着 1~9 的数字。这个计时器的数字切换速度被设定为试验者刚好无法看清上面的数字。按照依格曼的理论，如果人在遇到危险时大脑对时间的感知会减慢，那么试验者就可以以一种慢动作的状态看清上面的数字。

但是试验者并没有像所希望的那样能够看清 LED 显示屏上的数字。这样的结果开始让依格曼比较失望。不过他很快就明白过来，正是因为这样，才说明了"时间膨胀"其实是一种大脑记忆错误的体验。当试验者下落时，下落过程本身并没有变长，而是大脑的记忆使试验者感觉时间变长了。

Part1 第一章

时间会"死"在50亿年后吗

常听人感慨说：如果时间停止在那一刻就好了。让时间停止在最精彩的瞬间，是人的美好愿望，可是，时间真的会停止吗？

人可以活几十年，如果超过一百岁，便是非常长久了；动物的生命也有长有短；花草树木的存活期更是长短不一，但是，不管是人，还是动物或者花草树木，地球上的所有生物都有生命期限。旧的生命逝去，新的生命诞生，宇宙中的万物始终处于周而复始的状态。那么，宇宙本身会不会消失？太阳系会不会消亡？时间会不会停止在某一天，不再流动？

宇宙会消亡，时间会停止

千百年来，对自身生存环境十分关注的人类就被上述的问题困扰着。虽然没有人希望时间真的停止运转、宇宙消失不见，但科学家们还是从宇宙起源理论的"永恒膨胀论"中，推测出了一个残忍的事实：50亿年后，太阳会陷入"死亡"状态，时间也会停止。

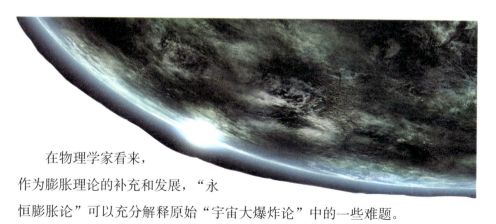

在物理学家看来，作为膨胀理论的补充和发展，"永恒膨胀论"可以充分解释原始"宇宙大爆炸论"中的一些难题。"宇宙大爆炸论"认为，宇宙在最初形成的时候，被一些性质稳定、质量较重的粒子充斥着，之后这些粒子形成成组的物质，并向不同方向以一定的速度"迁移"。在这些作用力的共同作用下，目前整个宇宙虽然已经发生了变形，但还是和"出生"时一样，是由磁单极组成的扁平体。根据这一理论，现在标准膨胀理论得出这样的结论：在"婴儿"时代，宇宙经历了一个迅速膨胀期，后来逐渐稳定直至形成现在的"模样"。

在"永恒膨胀论"中，在宇宙之外还存在一个多元宇宙，由数不清的我们所知的宇宙组成，并且，每个宇宙都是一个拥有无数小宇宙的"超级妈妈"。这样的说法可能理解起来比较困难，不妨举一个生活中常见的例子：开始烧开水的时候，锅底会产生一个小气泡，当一锅开水煮沸的时候，锅底就会产生无限多的小气泡。多元宇宙可以被看作是整锅开水，我们的宇宙就是最初形成的那颗小气泡，无限多的小气泡就是多元宇宙中的所有子宇宙。"永恒膨胀论"使其他宇宙的存在得到了证明，也说明多元宇宙能使任何事物的发生具有无限循环性，这使类似"像地球一样的星球的存在率是多大"的问题难以得到解决。

从多元宇宙中得到的启示

和许多事物一样，多元宇宙自身也存在一定的不足：所有事件都是无限次发生的，和通常的概率论完全不同，这让一些事件的发生概率无法计算。为了避开多元宇宙的这个缺点，科学家在多元宇宙中选定了一片区域作为临界点，将事件发生的概率置于这片有限的样本上来计算。但"临界点"理论本身就说明，当使用这一方法时，事件已经在临界中停止了。所以，宇宙的消亡和时间的停止都不可避免。

多元宇宙概率问题的提出，证明"永恒膨胀论"有一定的缺憾。如果要计算多元宇宙的事件概率，就无法绕开临界点的问题。相信"永恒膨胀论"，就意味着临界点并非概率计算工具那么简单，而是测算时间停止那一天的基点。根据临界点计算公式，科学家们计算出50亿年后，宇宙将会达到临界点。也许有人认为仅仅通过数学方法来分析这么高深的问题，不足为信，但物理学的相关实例也很好地支持了这一理论。

时间会以怎样的形式停止

当到达临界点时，时间会以怎样的形式停止呢？目前科学家们已经肯定，时间的停止会是一个短暂的瞬间。50亿年后，现在已经"工作"了近46亿年的太阳将会"退休"，到时它内部的燃料将会烧尽，外部包裹的气体层会掉落。科学家们并不认为地球上会有生物在太阳毁灭的时候"躲过一劫"，也就是说，到时候整个地球上的生物都会灭绝，唯一值得庆幸的是，由于时间终结的瞬间非常短促，没有人会预料到它的发生，所以人类在那时候并不会感知到过多痛苦。

知识小链接

物理学领域还有许多"膨胀论"以外的涉及宇宙消亡以及时间终止的理论。有人认为地球将会因发生扭转膨胀而缩为黑洞；有人认为宇宙会持续膨胀到一个恒定不变的热平衡状态……无论哪种理论更有说服力，短时间内都无法验证，我们也无须过于担心宇宙会很快灭亡。50亿年是一个非常漫长的时期，足够人类弄清时间究竟会流向哪里。

■ Part1 第一章

透过相对论看时间

生活在时间中,我们感知得到它的存在,但无法跟它"亲密接触"。在物理学中,时间跟空间和运动有着密切关系。

根据学习过的一些知识,我们知道,由于参照物不同,世间万物的衡量尺度也不一定。对于时间这个千古谜团来说,这个理论也是成立的。透过爱因斯坦的相对论,我们可以看到,在物理学中,时间跟空间和运动构成了令人深思的"三角关系"。

"说不清，道不尽"的相对论

但对于大多数人来说，时间和空间都是最亲近的伙伴，它们构成了我们思维活动的两大基本要素。对于大多数人来说，相对论都是一个深奥的物理学理论；相对论的出现，颠覆了人类的时间、空间认知，为整个世界带来了一种全新甚至有悖常规的思考方式。

大家对自然界已经十分熟悉了，因为它的构造跟常理相符，我们可以感受到它的存在。但是，自然界也有偏离常规的一面，人类只有改变过去的思维方式，用不合常识的方式思考，才能了解到这一面——这就是相对论解决的问题。

拿运动来说，它和静止的关系就是相对的。人居住在地球上，会觉得身边的高山、树木、房屋是静止的，但当人身处其他星球时，就会发现地球上的一切都在和地球一起运动。所以说，想要判断物体的运动状态，必须以其他物体为参照物。如果这两个物体处在同样的运动状态中，就需要请"第三方"来"裁决"谁静谁动。这里的参照物和"第三方"，被物理学称为参考系，多为不受力的作用的物体。

时间是相对的

根据相对论理论，时间的长短也是相对的，受空间和运动的影响。在人类眼中，原子、分子、核外电子等的运动速度非常快，同理，对于"高高在上"的太阳来说，它就像

知识小链接

古人有一个充满诗意的感受："一日不见如隔三秋"，虽然这表达的是对恋人的思念，但中间也包含着时间相对论的知识。一天对每个人来说，长短、快慢都是一样的，但是在情绪的影响下，分居两地的恋人就会觉得时间过得格外慢。而且，人们在高兴和悲伤的时候，也会感觉时间过得有快慢之别。

原子核，而人类所在的地球就像电子一样围绕着它运动。这个周期是 365 天，但对于银河系来说，太阳围绕它作圆周运动需要 2.5 亿年。其中的规律就是：空间越大，运动周期越长。

不管宇宙大爆炸理论是否有道理，宇宙是不是终极空间的争议始终存在。如果诚如大爆炸理论所说，宇宙诞生初期，爆炸产生的碎片扩散到它自身外的空间，就可以说明宇宙之外的广袤空间是存在的，也就是通常说的"天外有天"。同时，对于人类的感知来说，已经存在了 137 亿年的宇宙只有几秒钟的爆炸时间。综上种种，科学家们得出一个结论：时间和相对论中的速度快慢、空间大小都有紧密联系。

Part1 第一章

对话牛顿，揭秘**绝对时间**

提起牛顿，大家都会想到他的万有引力定律。其实，这位英国杰出的天文学家、物理学家，对时间也有独到的见解。

著名的牛顿运动学第二定律

提起牛顿，就不能不提他的运动学第二定律。这一理论认为，运动中的物体只会在有其他物体阻挡的情况下停止。譬如，当石头从高处落到地面时，会因为地球的阻止而在地面保持不动；奔驰的马车如果想要停下来，就离不开地面对车轮的摩擦。如果给马车装上没有摩擦的轴承，让它在绝对光滑的平地上行驶，它的轮子将会永远转动下去。正因为如此，牛顿认为力对物体的作用力使它根据时间变化而变化，这个变量就是加速度，跟力的大小成正比。

❖ 牛顿

运动学第二定律跟万有引力定律一起，构成了物理学的基础理论，对整个世界的自然科学发展做出了巨大贡献，其中许多观点至今仍具有广泛的应用价值。基于这些理论，牛顿提出了"绝对时间"的概念，他认为测量运动时间需要用到这种匀速流动的时间观念。

什么是绝对时间

牛顿在 1687 年发表的《自然哲学的数学原理》中，对绝对时间的概念进行了解释。他指出，虽然钟表也具有自身限制，计时的精确度也会因人为因素出现误差，但就绝对时间的本质来说，它是不依赖于外物而一直保持匀速流动的。牛顿认为，绝对时间就像无所不至的上帝一样，对整个宇宙中的所有客观存在都公平对待。他同时认为时间和空间是可以分开来，各自单独存在的。这和爱因斯坦的时间相对论刚好形成对立，但既然他们选择的参照物不同，得出的关于时间的理论有差别也就不足为奇了。

知识小链接

到 20 世纪初期，学界还流行着一种观点：世界上有一个独特的、适用于所有人的、脱离任何事物存在的时间体系。所以，尽管 1905 年爱因斯坦的时间相对论有着不小的漏洞——狭义的相对论揭示了时间的相对性，人们也没有产生怀疑。这个理论推翻了关于时间的哲学，带来了物理学的一场暴风般的革命。

绝对时间的测算方法

人类是通过怎样的方式感觉到绝对时间的呢？德国数学家、物理学家莱布尼茨回答了这个问题，他说，事件比时间更具有基本代表性，事件是时间产生的"源头"，没有事物，时间就不会存在。在宇宙发展的历程中，所有同时发生的事件共同构成了一个时期，这些时期一个接一个地连续起来，就构成了宇宙的历史。相比于牛顿的理论，莱布尼茨的答案跟现代物理学观念更加相合，因此更受人们的欢迎。

Part1 第一章

时空里的"变形金刚"——时空弯曲

曾经风靡一时的玩具变形金刚，为成千上万的小朋友带去了许多欢乐。而无影无形的时空世界里，也有一位"变形金刚"。

地球并不是像我们感觉的那样是个平面，而是一个圆，整个地表都处在一个弯曲的面中，所以我们平时走的每一条看起来很平直的路都是曲线。

变形的空间

不但我们脚下的土地是弯曲的，就连我们生活的整个空间都是弯曲的。按照爱因斯坦的广义相对论的解释，每个物体本

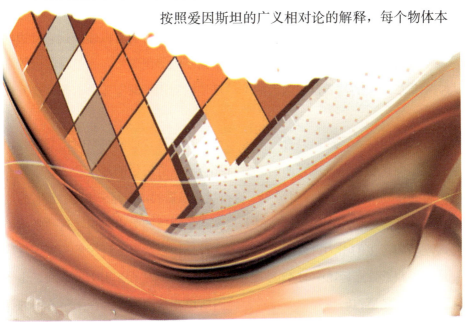

身都存在着引力，这个引力形成一个引力场，它使周围的空间和时间弯曲，就产生了一个弯曲的时空。物体本身的质量大小决定着引力场的大小，引力场的大小决定着周围时空的弯曲程度。如果一个物体的质量大到足够的程度，比如一颗恒星，那么它的引力场就非常大，时空的弯曲可以使经过它身边的一切事物改变路径，包括光线。科学界常提到的"黑洞"，就是目前已知的太空中质量最大的物质，它强大的引力场使它周围的时空非常弯曲，连光线也会被它吞没。

爱因斯坦认为，任何以直线前进的物体在经过弯曲的时空时，其路径也会变得弯曲。物体在进入弯曲的时空后都会沿渐近线做测地运动，等于平直时空中的直线路径。在数学计算里，这条线是最短的，走起来也是"最省力"的。物体在弯曲时空中的运动，似乎是受到了物体的吸引作用，这种吸引就是时空弯曲产生的引力。爱因斯坦运用这种理论，解释了科学界一直无法解释的水星在近日点运动中的 43 秒现象，其根本原因是太阳引力使空间发生了弯曲。也正是通过时空弯曲的特性，爱因斯坦非常到位地解释了宇宙中的天体是怎样运动的。

扭曲的时间

在日常生活中，为了准确地表达事件发生的时间，人们常常使用"过去""现在"和"将来"这三种最基本的时态。

爱因斯坦在相对论中阐释了时间的相对性问题，它不仅仅包括运动的时钟

知识小链接

弯曲的时空产生了引力，如果我们生活的时空是平坦的，那么宇宙就不会是今天我们看到的这个样子，可能就呈现出另外一种面貌了。我们生活的宇宙以这种方式存在，有它自己的规律，我们唯一能做的就是通过科学手段去研究、认识宇宙的自然规律，充分利用它的规律来造福人类。

在不同的空间会变慢，还包括了人们常说的这三种时态。按照他的论述，这三种形态是在不停地变化着的，"现在"总要变成"过去"，而"将来"总有一天要变成"现在"，然后成为"过去"。反映在任何一件事的发生上，事件的时态没有绝对的"过去"和"将来"。不同的空间里同时发生的两件事，对于不同的观测者，在不同的方向或者以不同的运动速度观察时，看到的发生时间顺序可能也是不同的：有的观测者可能发现两件事同时发生；有的观测者可能发现 A 事件比 B 事件先发生，有的观测者可能正相反。而他们都认为自己看到的是事件发生真实的时间时态。因此，很难取得普遍一致认为的事件发生的"现在"时态，而所谓的"现在"都是相对的。

Part1 第一章

时间旅程中年龄不一样的**双胞胎**

> 我们常常见到双胞胎，因为他们来到世上的时间相差无几，所以他们的年龄也是基本相同的。

奇特的"变年轻"现象

除了特殊原因外，双胞胎的两个人可能终其一生外表看起来相差都不大。但是，只要其中一个人去"某个地方"旅行了一次，回来后就会比没有去旅行的那个显得年轻，而且旅行时间越久，人越显得年轻。

那么，宇宙中哪一个神奇的地方能让去的人变得年轻了呢？答案是太空。

随着现代航空航天科技的发展，人类登上太空已经不是很困难的事了。不但有航天飞机、宇宙飞船等各类把人类载往太空的工具，科学家们还建造了可以供人类长住太空的空间站，航天员像住在地球上那样，可以非常方便地在空间站里进行长期的太空观测和研究。

经过长期观察研究，人们发现回到地球后的太空工作人员，相貌和离开地球时基本没有变化，就是说，这些太空工作人员没有像地球上的其他普通居民一样，随着时间的流逝而变老。

"双生子佯谬"

据科学家们介绍，这种奇特的现象刚好验证了一个理论——"双生子佯谬"。这个理论最早起源于 1905 年，当时爱因斯坦创立了狭义相对论，提出运动的物体存在时间膨胀效应。到了 1911 年，法国物理学家郎之万通过一个通俗易懂的实验，对爱因斯坦的理论提出了质疑：有一对双胞胎兄弟，称为甲和乙。甲乘坐接近光速的航天器到太空旅行，乙留在地球，甲回到地球时

还是原貌，而乙却明显地衰老。这就是著名的"双生子佯谬"。

这到底是怎么一回事呢？难道时间在太空是停止的吗？

"双生子佯谬"是这样解释的：一个人在三维空间中，可以被看作三维坐标系中固定的一个点，加上时间，就构成了四维时空。由于时间是不停地流逝的，任何物体和人都必须和时间一起前进，前进的轨迹在四维时空中用描绘出的一条线表示。双胞胎中的乙描出的轨迹是一条直线，去太空旅行的甲离开地球又返回，他描出的轨迹是一条头尾相连的曲线，即出发和回

来都是在同一四维时空里完成的。

　　按照相对论，留在地球上的乙经历的时间就是那条直线的长度，做星际旅行的甲经历的时间就是曲线的长度，两条线不一样长，说明兄弟二人经历了不同长度的时间。哪一个人经历的时间长，就看哪条线的长度长。如果按照我们通常使用的欧氏几何法计算，既然乙的直线比甲的曲线短，那么乙经过的时间就比甲短，乙应该比去旅行的甲年轻。但是事实却是相反的，这是怎么回事呢？

　　原来，在相对论中，四维时空使用的几何计算方法不是欧氏几何，而是伪欧氏的。在伪欧氏几何中，两点之间以直线距离为最长。

所以乙的直线比甲的曲线长，乙经历的时间也就比甲长，因此等到甲返航会面时，甲就会比乙年轻。

人们不但试图通过各种计算方法来证明这个肉眼观察到的现象，还做了许多实验来验证它的准确性。1971年，美国海军天文台在一架飞机上放置了四台铯原子钟，两次从华盛顿出发，分别做向东和向西的环球飞行实验。实验结果发现：向东飞行的铯钟的时间与停放在该天文台的铯钟时间相差59纳秒；向西飞行时，它们的时间相差了273纳秒。这次实验虽然没有扣除地球引力所造成的影响，但是测量结果表明，"双生子佯谬"现象是确实存在的。

知识小链接

"双生子佯谬"是一种真实存在的现象，但是其被证明的过程并非是绝对正确的，狭义相对论并不能给出很好的解释。所以在这个理论提出之后，爱因斯坦进行了进一步的研究，又提出了广义相对论。这个有趣的现象对于生命有限的人类有着非常重要的意义，可以使航天员到达更遥远的星系。

Part1 第一章

时间和空间的**结合体**——时空

> 时空，指时间和空间，任何事物都处于时空之中。

时间是什么

知识小链接

> 百慕大三角经常出现离奇的失踪事件，比如 1981 年 8 月一艘英国游船在这片区域离奇消失。八年后，它又奇迹般地出现，船上的人安然无恙，科学家认为他们进入了时空隧道。

近代物理学认为，时间和空间不是独立的、绝对的，而是相互关联的、可变的，任何一方的变化都包含着对方的变化，时间存在于空间，空间存在于时间，但是特定条件下的时间和空间只能够造就一个特定的时空，因此把时间和空间统称为时空，在概念上更加科学而完整。时空是四维的，由坐标 x、y、z 和时间 t 组成。

如果宇宙是静止的，那么天体物质不会收缩膨胀，不会有物理、化学反应，光也不会射到地球上来，因为它还没有产生，生命也不会存在。所以世界只能是

❖ 地球与太阳的转动也有时间概念

绝对运动的。物质的运动构建时空，宇宙中的时与空是没有间的，间是人为的划分，人把地球绕太阳转一圈划分为一年，地球自转一圈划分为一日。按物质的运动区域划空为间，比如太阳系、银河系，而实际上所有星系的空间都是不断移动变化的，所以空间和时间一样都是不断流动变化的，所以宇宙中的绝对定位是不可能的，因为一切都在变化。没有物质运动，时间和空间是不存在的。有物才有空，无物无空，物动时自成，物质有不同的成分，通过物理运动形成不同的组合产生不同的化学反应，不同化学反应产生不同的生命，生命产生思维，思维根据自身利益需求分割时空，就叫作时间与空间。

神秘的时空隧道

❖ 时空隧道

美国物理学家斯内法克教授认为，在空间存在着许多一般人用眼睛看不到的却客观存在的时空隧道，历史上神秘失踪的人、船、飞机等，实际上是进入了这个神秘的时空隧道。有的学者认为，时空隧道可能与宇宙中的黑洞有关。宇宙中的时空隧道"黑洞"是人眼睛看不到的吸引力世界，然而却是客观存在的一种时空隧道。人一旦被吸入黑洞中，就什么知觉也没有了。当他回到光明世界时只能回想起被吸入以前的事，而对进入黑洞遨游无论多长时间，他都一概不知。

第二章
人类认识时间

　　人类自诞生后，就把认识时间，和时间"交朋友"作为一项重要的"日程"，并为之进行了许多尝试。但是，时间总是保持着它"捉摸不定"的本性，轻易不肯被人类看透它的"内心世界"。

时间是怎样从人们身边悄悄"溜走"的

时间的本质是什么？我们应该怎样理解时间？自古以来，对于时间，人类就有着种种不同的感知和理论。

通过不同角度看时间

长久以来，由于生活经验和观念不同，人们眼中的时间也有所不同，但是总的来说，时间都是人类在长期的实践中得出的一种概念，也就是所谓的"经验时间"或"观念时间"。

早在远古时代，为了确定年代、季节和昼夜，人类就在月亮圆缺变化的基础上制定了历法，即"太阴历"。随着社会的进步，人类又发明了基于太阳运动周期的"太阳历"，例如我国彝族的"文明十月太阳历"。此后，人

类对时间的认知程度逐步加深，历法经历了一个长期的演变过程，出现了阴历和公历，中美洲的玛雅人还使用过圣年历。

在现代人的观念中，一星期是用七天来计算的。但在古代哥伦比亚，每个星期只有三天，而古希腊人的一星期则是十天。最早实行一星期七天制，并将小时细化至分秒的是巴比伦人。在我们的常识里，一天等于均等的24小时，这是14世纪机械钟被使用后，欧洲人划分的。但24小时制并非适合地球上的所有地域，比如在南极洲的计时工具——南极钟上，指针的转动速度就非常慢，几乎看不到它的运动幅度，因为那里的昼夜比其他地方长太多了。

所以说，时间并不是一个一成不变的尺度，不同地域的人根据不同的世界认知观和社会实践，会对它产生不同的判断。

"可大可小"的物体尺寸

不知道大家有没有这样的经历：当你站在站台上时，如果一辆火车以非常快的速度经过你面前，有一刹那的时间，你会恍惚觉得这辆火车比它实际的长度要短许多。爱尔兰物理学家斐兹杰诺就曾经提出过这样一个著名的理论：由于运动速率的变化，所有物体在向一个方向上运动时，都会出现"缩小"的情况。假设一个物体正以11千米每秒的速度向某个方向运动，它的"缩小"幅度并不可观，而当速度达到26万千米每秒时，它就会"缩小"一半。根据这一原理，我们不妨想象一下：当两名拳击运动员比赛时，一方以

26千米每秒的速度出拳，因为发生了"缩小"现象，他的这一拳变得很慢，反而被出拳慢的另一方打败。这样一来，比赛的公平性就令人怀疑了。

实际上，在一定速度时，火车和拳头的长度并没有变短，反过来说，火车上的人倒觉得是站台和上面站着的人变小了。这是因为物体的尺寸只有在相对静止的系统中看起来才更贴近实际。

假如时光可以倒流

很多科幻电影中，都会出现"时间旅行"或"时光倒流"的情节，人们也常常希望能够自由地在时空中穿梭，可以改变过去或者预知未来。假如真的像电影《时光旅行者的妻子》所描述的那样，世界上有一位时光旅行者，当他穿越到他母亲正孕育着他的年代时，不慎导致了母亲的流产，那么，时间旅行的假设就要画上一个极大的问号：时光旅行者的母亲既然已经流产，那他出生这件历史事件就不成立，之后和他有关的一切，包括他可以进行时间旅行的事情都将不复存在。

如果一个例子还不足以证明时间旅行的不可行，那我们可以再进行一个假设：当时光旅行者需要回到某段历史时期时，他将如何"定位"自己将要去的时空呢？换言之，莫非时空中有一个奇特的"档案室"，将每段历史时期都按照人

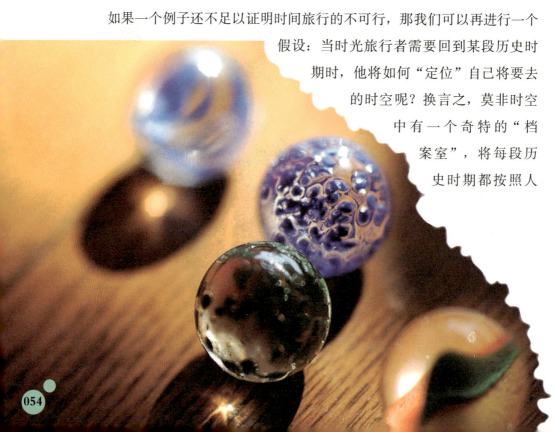

　　"日月如梭，光阴似箭"，我国古人早就明白逝去的时间如同射出的箭一样难以追回的道理。但凡有生，就会有死与之相对应，生物一旦死亡也不可能重新获得新的生命，时间的不可逆转"铁证如山"。所以人们希望通过后代的生息繁衍，将自身的生命时间永久地延续下去，这种观念无疑给了很多人极大的安慰。

物、事件、环境的分类，以"档案袋"的形式保存了起来，需要用到时，可以随意地前去"翻阅"？假设真的有这样一个时空"档案室"，那它又是怎样在不断流逝的时间中，将每一天发生的事情都即时地记录下来的呢？显然，这些问题我们都不得而知。

　　既然时间旅行存在着一些难解的谜团，那么时光是不是真的可以倒流呢？根据从太空传回的实验报告我们知道，在太空环境下，某些生物的生长过程会被"拉长"，但当它们重新回到地球时，生长速度就会比其他同类更快，似乎在"释放"在太空中"压缩"的时间。这有力地证明了时间倒流只是一种"伪"效应，并非真的是时间出现了逆流现象。而只有在时间"伪倒流"的前提下，时间旅行的假设才能成立，且由于"过去"和"未来"的隧道短而窄，并非可以接纳任何时光旅行者，时间旅行仍存在尺度限制。

"好动"的地球：公转和自转

作为"地球村"居民，你一定以为地球是一个保持不动的大星球。事实上，地球非常"好动"，总是在一刻不停地转动着。

有人不禁要提出疑问，既然地球在不停地转动，地面上的房子、山峰、河流、生物怎么没有被"甩"到太阳系中去呢？现在我们就一起来解答这个问题。

"绕着太阳走"——地球的公转

在地球所处的太阳系中，太阳是一个有吸引力的巨大星球，它像一个大家长一样，将太阳系中的其他行星都"组织"在同一个平面上，并"安排"

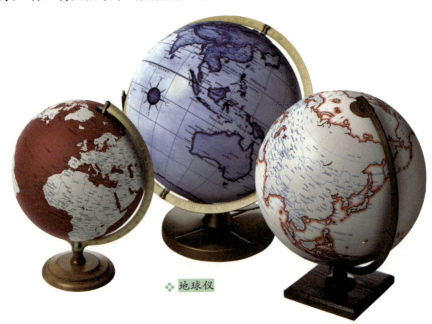

❖ 地球仪

它们有规律地转动。地球就是这些行星之一，在太阳引力的"引导"下，它沿着一个椭圆形的轨道不停地转动，并在转动的过程中画出一道封闭的曲线。通常我们把地球围绕着太阳的这种运动称为"地球公转"，把它的公转轨道称为地球轨道。

地球公转的周期是一年，有人曾经算了一笔账：太阳和地球间的距离是 1.5 亿千米，地球在 365 天多一点的时间内，要围着太阳绕一个长达 9.4 亿千米的大圈子，平均每天要"走"257 万千米。也就是说，地球在太阳系中运行时，每秒钟的速度高达 30 千米！这个速度比当前世界上最先进的侦察飞机还要快 30 倍，火车跟它相比，速度简直像蜗牛。

这么快的速度，为什么我们感觉不到呢？这一方面因为我们生活在地球上，跟它处在同一个运动系统，我们相对于地球是静止的，所以不会感觉到它的转动。另一方面因为地球的公转是有规律的，并非像陀螺一样东摇西摆，使我们难以及时"跟上"它的节拍，而是始终"面朝"同一个方向，北端正对天空中的北极星，侧着身子绕太阳转动。

"自己也爱动"——地球的自转

地球并不是一个听话的家庭成员，除了"服从"太阳的安排进行公转之外，它自己也会绕着自转轴不停地自西向东旋转，以使身体的各个地方都受到太阳的"抚摸"。地球的这种行为被称为"地球自转"，周期是一天，约为 24 小时。

探索时间奥秘

知识小链接

地球公转会带来四季变换，因为太阳始终处在地球轨道的一个固定焦点上，当地球倾斜着身子绕着它转动时，太阳在地表的直射点就会发生变化。夏至日前后，地球运行到远日点，北半球得到的日照最多，白昼最长；相反地，南半球得到的热量较低，处于严寒的冬季。此后，地球继续不断地转动，太阳直射点随之变化，从而产生四季交替。

地球自转会产生哪些结果呢？首先是昼夜更替现象，当地球的一半球转向太阳时，那个半球就处于白天，另一半球则处于黑夜；其次是位于不同经度上的地区，经度每隔15度，会出现一个小时的地方时差异；再次是物体在北半球做水平运动时会偏向右边，在南半球则会偏向左边；另外，还会使地球的"外貌"发生变形，在自转所产生的惯性离心力的影响下，地球会从两级向赤道膨胀，使地球看起来像个有些扁的椭圆形球体。

❖ 向着太阳飞行的飞机

Part2 第二章

时间家族里的"小兄弟"——阿托秒

提起时、分、秒等时间单位，大家耳熟能详，但在时间单位的大家族里，有一个"小兄弟"对我们来说还非常陌生。

这位陌生的"小兄弟"就是阿托秒，一直以来，人们都以为它是一个只存在于理论上的时间量。但近年来，大量的研究和实践表明了一个真相：作为一种全新的"时间切片"，阿托秒虽然是最小的时间单位，却蕴藏着令人吃惊的应用能量。

阿托秒的"孕育过程"

随着科技的高度发展，人类对时间精确度的要求也越来越高，于是，越来越小的时间单位被催生出来。数年前，物理学家们发明了持续时间为飞秒（一飞秒为一千万亿分之一秒）的激光脉冲，并将其应用到一些高科技产品中。以我们熟悉的相机为例，它的闪光灯能在千分之一秒内将时间"定格"，使相机在物体的正常运动状态下捕捉到其最细微的动作。借助飞秒闪光灯，科学家们能观察到分子、原子等体积超级小、动作超级快的微观世界物质。

由于物体在以超级快的速度运动时是非常难以把握的，加上许多事情的发生都只是一两飞秒间的事，类似飞秒闪光灯的工具有时难以满足摄取图像的需要，所以科学家们希望研制出一种比飞秒还要精细的计时工具，以便更好地"窥探"物质世界。

经过长期科研攻关，科学家们终于利用高能激光发生器，研发出了可以持续半飞秒以上——650阿托秒的光脉冲。这一创举破解了"飞秒障碍"的难题，使阿托秒从理论中步入现实，为人类观察物质世界带来了一个更加精确的时间量程。

越来越小的时间单位

时间量程与人类的生活息息相关：心脏每秒跳动一次，闪电发生时间仅为百分之一秒，电脑每纳秒可以执行一个指令……时间单位正以一种人类难以企及的速度在"缩小"，虽然阿托秒的诞生并未引起整个世界的普遍关注，但它正一步一步地登上新一代物质探测器的宝座，在不久的将来，也会带来科学界许多领域的巨变。

知识小链接

目前，飞秒脉冲的应用已经非常普遍，除应用在相机快门和闪光灯的制作上外，它还可以像一颗小小的炸弹，聚集起来能产生超乎寻常的力量，透过透明物体的表明灼烧物质，或者被应用到数据存储、无线通信等的研究中，带来这一领域的巨大改观。此外，飞秒脉冲还可以用于精细的眼外科手术。

第四维空间——时间

通常，人们认为时间是一条只有过去和未来两个方向的长河，那么，除了这两个方向，时间还有没有其他方向？

过去，在人们的概念里，时间就像一条难以追溯起点，也看不到终点的直线。随着对时间了解的深入，人类开始询问：在这条直线以外，是不是还有其他的时间矢量？

走进"四维时空"

这个问题可以通过超光速研究来诠释。1932年，美国科学家麦考尔在进行超光速实验时，发现了一个奇特的现象：粒子只需要短暂的瞬间就可以穿透一个障碍。之后，在粒子以外的超光速研究对象身上，出现了更为怪异的情况：实验对象会莫名其妙地消失！如何解释这些诡异的现象？就需要用到

一个时间直线以外的垂直时间矢量，当物体以接近光速的速度或光速运动时，可以借助垂直时间矢量的力量，"跳出"时间直线，进入常规时序以外的空间。

这看起来和相对论有些冲突。我们知道，爱因斯坦的相对论认为，物体以接近光速的速度运动时，时间就会变慢，是正数；以光速运动时，时间会停滞，为零；当它的速度达到超光速时，时间就会倒流，成为负数。

实际上，由于垂直时间矢量是物体在时间直线上高速运动时产生变量的诱因，这两种观点并不矛盾。但假设物体以光速运动时，时间停滞下来，是否意味着它在这段时间里是不存在的呢？也就是说，这个光速运动的物体是否已经脱离了物质"有生有灭"的自然规律？显然，人们难以接纳这个假设的成立。那该如何解释这个现象？

这里，就需要"四维时空""出马"了。科学界已经普遍认同，时间和空间是一体的，空间是三维的，具有长、宽、高，在此基础上加入时间维度，就构成了"四维时空"。由于空间具有延续性，物质的存在不仅占据着空间维度，也占据着时间维度，它不可能脱离时间单独存在于空间中。在四维时空中，假设物体的存在时间停滞为零，就意味着它只依附空间存在，这无疑是和空间的延续性相悖的。事实上，在超光速实验中"消失"或"穿透"了障碍的物体，并非真正意义上不见了，只是它的空间延续性脱离了我们的时序，肉眼无法看到而已。

在"平行时序"里漫游

不妨假设一下，在我们生活的三维空间里，存在着各种各样的超高速运动物质，它们质量非常大，数量多得足以构成无限多的宏观宇宙，那它们会不会把我们的世界撞碎呢？答案是不会。因为和超光速实验原理一样，这些物质构成了一个"隐形"的世界，可以称之为"交叉时序"。无论"交叉时序"以怎样的角度运作，它和我们的时序都只有一个交点，这个交点上的时间为零，或者无限趋于零，就是所谓的"平行时序"。

可以通过一个科幻故事来解释"平时时序"：一位宇航员乘坐一艘速度可以达到甚至超过光速的火箭在太空中遨游，当火箭的速度突破光速时，他突然发现自己置身于一片全然未知的宇宙景观中，虽然他通过导航确定自己未离开太阳系，但那些熟悉的太阳系行星全部都不见了，这是怎么回事？原来，就在火箭速度达到光速的一刹那，这位宇航员进入了直线时间以外的平行时序中，虽然他可以看到该时序中的一切物质，但他不可能看到所处时

知识小链接

　　垂直时间矢量并非物体高速运动的产物，相反地，正是因为垂直时间矢量带来的时序差异，使物质的运动有了参照物，也使运动表现出不同属性，否则，速度这个概念根本无从谈起。在辩证法看来，快和慢其实是互为快慢的，也许对于另一个交叉时序来说，我们的世界才是一个由大量速度非常快的物质构成的"隐形世界"。

序之外的任何事物，不管那些事物有多大、数量有多少。这就是所谓的"时间错位"，也是我们处在自身的时序中，无法看到过去和未来的原因。

"时间错位"下的多维时空

　　正是因为"时间错位"的作用，同一三维空间中可以存在多重充斥着不同物质的宏观宇宙，这些宏观宇宙都是独立的个体，互相之间也存在一定的联系。这样一来，时间也可以像空间一样，具有长宽高，就形成了比"四维时空"更多维度的六维时空。六维时空由无数五维时空组成，五维时空由无数四维时空组成，我们所处的四维时空只是其中之一。总的来讲，时间囊括了空间的所有属性：深度、广度、方向、角度等，它可以向各个层面无穷无尽地延伸，容纳一切物质。

　　和能逆转物质衍生规律，任意选择回到过去或去往未来的五维生命体相比，处在三维时间里的人类显得十分渺小而无助，因为人类只能行走在从"过去"通往"未来"的直路上，看到的只是出生和死亡的必然因果关系。同样地，在压根不受时间限制的六维生命体面前，五维生命体也只能"喟然长叹"，承认自己"命不如人"。

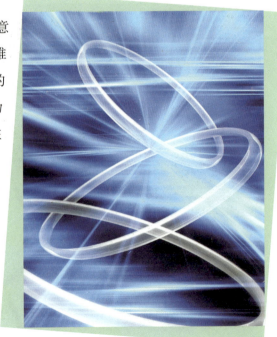

■ Part2 第二章

时间有没有**开端和尽头**

物质有生就有灭，这是一个普遍的自然规律。那么，时间有没有开端和尽头呢？如果有，它从哪里起步，目的地又在哪里？

过去人们普遍认为时间是一个永恒的存在，它从物体的运动变化中"诞生"，世界上的物质不会消亡，运动不会停止，时间不可能结束。近年来，在一个具有极大影响力的理论——"宇宙大爆炸"的影响下，人们开始重新审视"时间是否有始有终"的问题。

从"宇宙大爆炸"探寻时间的开端

在诠释宇宙是怎样起源的"宇宙大爆炸"理论看来，时间的起点等同于大爆炸的开始时刻，也就是说，时间是和宇宙一起"出生"的。既然时间和宇宙是命运相连的"双生子"，那在宇宙灭亡的那一刻，时间必然也会随之走到尽头。

当然，关于"宇宙大爆炸"理论是否完全成立，科学界也进行了不少论争。正如人类无法确定自身的源头在何处一样，由于缺乏足够的直接证据，人类也不知道宇宙究竟是不是从大爆炸中产生的。

探索时间奥秘

"挖掘"时间尽头过程中的矛盾

不妨假设"宇宙大爆炸"理论成立，这样一来，现在我们所处的时空里存在的物质就可以被称为"第一代物质"。这时候矛盾就产生了，既然任何物质都不可能逃脱"诞生、成长、衰败、逝去"的命运，第一代物质必然有消失的那一天，随之而生的就可能是第二代物质。如果这个假设也成立——因为既然大爆炸时，可以产生一代物质，未必不能产生二代物质，那么，这两代物质间的时间间距应该是多长呢？

知识小链接

关于时间的本质，人类在过去长久的探寻过程中尚未找到一个令人满意的解释。我们唯一可以做的就是，用一种最科学合理的方式来安排生活中的时间。至于时间从哪里来，它又将到哪里去，这个问题本身就充满着各种难解的矛盾，也许在将来，人类会有一个较为明确的答案。

这就又牵扯到另一个难以解答的问题：在宇宙尚且处于真空状态的情况下，时间从何而生，又该如何计量？但是，假如当时没有时间的概念，第二代物质的"出世"就跟第一代物质的"离世"严丝合缝地连接了起来，两代物质间不存在"时间断线"，也就不存在"一代""二代"之分。以此类推，第一代物质前和第二代物质后，还会存在其他几代的物质，假如每代物质间都没有时间间隔的话，时间的开端和尽头又从何谈起？

Part2 第二章

"穿越"到过去——时光倒流

提起时光倒流，你是不是以为只是科幻小说和电影里的一种假想？事实上，这种奇幻般的情形真实地存在于时空之中。

许多科幻电影中都有时光倒流的情节，也许很多人都会觉得，时光倒流只是一种理想，以使人们有机会弥补过去的遗憾。但在无奇不有的大千世界，时光倒流却是真实存在的，那么，它是怎样发生的呢？

关于时光倒流的未解之谜

在揭开谜底前，让我们先来讲几个小故事：

1994年，意大利一间机场的控制室在监测客机行踪时，突然发现有一架客机从雷达屏幕上"失踪"了，消息传出，整个机场很快被惊慌失措的气氛

笼罩。当时那架飞机正处在非洲海岸的上空，工作人员无法给予它任何帮助，正当他们惊慌失措的时候，那架"失踪"的客机竟然又重新出现了。飞机降落后，机上的工作人员和300多名乘客对客机曾经"消失"过的事情全然不觉，唯有他们的手表都慢了20分钟的事实，昭示着那段"空白"的时间真的存在过。

类似的事情发生在1970年，一架飞往美国迈阿密国际机场的客机，也玩起了"失踪"。不过它似乎知道地面工作人员都在担心它，就在10分钟后又回到了当时"出走"的地点。当被采访时，整个客机上的人员都对自己消失过的情况毫不知情，唯一让他们相信这件事情确实发生过的证据，就是他们的手表都慢了10分钟。

为什么会发生这些看似荒诞的现象？多年来，科学家们也没能给出一个合理的解释。也许，客机在经过那些区域时，时间突然停止了？或者发生了倒流的情况？只有这样，我们才能解释为什么整架客机上的人员的手表都比正常时间慢了一些。但是，如果时间倒流不存在的话，下面的这个事件又该怎么解释？

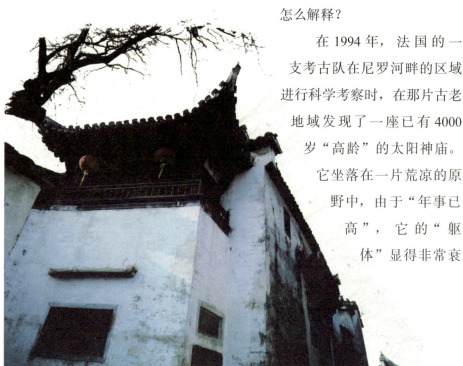

在1994年，法国的一支考古队在尼罗河畔的区域进行科学考察时，在那片古老地域发现了一座已有4000岁"高龄"的太阳神庙。它坐落在一片荒凉的原野中，由于"年事已高"，它的"躯体"显得非常衰

败，几乎没有人去那里看它，按理说应该不会留下现代文明的痕迹。但在考古学家们对神庙进行发掘时，一件令人惊诧的事情发生了：在一块历史悠久的石碑下面，埋藏着一枚银币。令考古学家们难以理解的是，这是一枚预备在1997年才发行到市场中的美国银币！美国市场上都还没有流通的银币，古埃及人却抢先一步"使用"了，其中的缘由，科学家们至今也没有找到答案。如果不是古埃及人穿越到未来，拿到了那枚银币，

就一定是1997年以后的人穿越到了过去，将那枚银币带进了太阳神庙。看来，时光的倒流也并非不可能。

时光倒流的科学解释

以目前人类的智慧来说，阻止时光的流逝以及制造时光的倒流都是不可能的。但在爱因斯坦的相对论看来，当运动速度达到光速时，时间和空间的逆转不是不可能。换言之，当一个物体以光速运动时，发生在它身上的时光不但可以倒流，还可以前进，甚至停止。如果人类能够飞行，并且速度可以达到30万千米每秒，根据相对论，人类所处的空间和时间都可以相应地缩短和变慢。

在这样的理论指导下，科学家们在宇宙中发现了运动速度比光更快的物质，如在重力场中，太空船可以在粒子力量的助推下超过光速飞行，这使"星际旅行"成为了可能。美国航空航天局的专家们在爱因斯坦相对论和海森堡"统一场论"的基础上，提出了"时空场共振理论"，他们试图借助电磁、光速、时空等的特性，发明出一种可以瞬间进入星际空间的工具。如果这一理论成为现实，将会使时光倒流的未解之谜得到全面解答，人类也可以实现在"过去""未来"之间自由穿梭的梦想。

知识小链接

根据相对论，美国一位物理学家推算出一个有意思的结果：在时空没有发生"缩水"的情况下，人类以光速飞行到仙女座，需要20万年之久；但是当时间变慢、空间变短，人类同样以光速飞行，却可以在短短的20年时间内到达仙女座。可见假如时光真的可以倒流，将会为人类带来多大的便利。

Part2 第二章

"体形"会"膨胀"的时间

提起膨胀，大家很容易想到爆炸。提起"时间膨胀"，是不是也会有种惊惧的感觉？时间是不是也会爆炸？

和其他物质的膨胀不同，时间膨胀并不意味着它的"外衣"会因承受不了而发生爆裂，它其实指的是时间发生变化的一种现象。时间运行的速度其实并不像我们感受的那样，始终保持不变，如果物体运动的速度足够大，时间还是会"妥协"，放慢它的脚步的。

光与时空千丝万缕的联系

通常来说，因为运动方向的不同以及角度的差异，光波的速度会出现变化。但爱因斯坦却发出了不一样的论调。20 世纪初，爱因斯坦通过分析电磁辐射的产生规律发现，目前的时空观念仍有缺口。他认为，如果在所有的测量中，光都能保持着协调一致的"品性"，那么，光速就必定是物理学中的"主要演员"。尤其在真空中，无论外部条件如何变化，光

速都恒定为 30 万千米 / 秒。

牛顿在 17 世纪时提出了这样一个观点：在实验中，无论具有参考意义的框架做怎样的匀速直线运动，对实验的影响都不大。爱因斯坦并不认同牛顿的观点，但当他研究观察者在光速运动时所观察到的光波形态时，陷入了困境。这使他意识到只有把空间理解为"生活用地"以外的概念，才能在物理学上得到统一的答案。空间必须具备其他的特质，它的尺度才会随着物体运动速度的改变而变化。从这一层面来看，空间和时间是紧密联系的，它们是同一事物的不同面貌。

两种不同的时空理论

牛顿和爱因斯坦的时空理论，构成了物理学上的两种时空观。

在牛顿的绝对时空观里，时空的"外表"跟时间和空间都是毫不"相像"的，但绝对时空的本质是时间上的某个点，对应空间中的某个状态，也就是我们所感知的时空。在绝对时空理论看来，时间始终在膨胀、变大，分析时间膨胀现象，对理解时空的本质起着"敲门砖"的作用。

爱因斯坦相对时空论的核心是观察者自身，它强调时空是可以用眼睛观察的。相对时空将现在和过去连接在一起，把时间和空间结合为四维时空，它的极限是光速，是一种纵向观察时空的

知识小链接

光速是我们所在宇宙的极限速度，但这并不意味着它是所有宇宙的极限速度。例如，某人的心跳是每分钟70次，当他以足够快的速度运动时，这个数值就可能会变成50、30，甚至更慢。因为他的时间随速度的增加而变慢，新陈代谢跟着减缓，相对来说他的时间就出现了膨胀现象。

理论。爱因斯坦认为，假设人可以以光速运动，他所看到的光就会是弯曲的。

作为四维时空下的一种观察结果，时间膨胀不能脱离观察者而存在，它因观察者的不同而展示不同的姿态。在四维时空模型中作为真实的唯一存在，观察者的时间是时间上的最大值，即此刻它的数值为零，被观察对象的时间为负值。观察者只有在横向看时空时，才能在牛顿绝对时空观的指导下，找到时间膨胀的根源所在。

但是，在平时的生活里，我们是看不到时间和空间所经历的这种变形的，这一点我们不可否认。因为在我们接触到的事物中，以光速运动的几乎没有。实际上，物体运动的速度和光速平方间的比率，决定了相对论现象的特征。在高能物理学家们的科学研究中，当物体以超过1/10光速的速度运动时，这个比率显得尤为重要。

除此以外，在未来人类对宇宙的探秘和环宇宙旅行中，时间膨胀的效用也是巨大的。在将来的某一天，科幻小说中令我们浮想联翩的情节，也许将会成为现实。

❖ 光

Part2 第二章

时间在所有地方的"步调"都一致吗

时间是怎样流动的？这个问题始终困扰着人类。世界如此之大，在所有地方，时间都是以同样的"步伐"行进吗？

在过去很长一段时间内，牛顿的"绝对时间论"都在时间理解领域占据着主导地位，被人们奉为真理。但真理并非一成不变，它随时代的进步而发展。尤其是进入 20 世纪后，科学技术日新月异，人类理解时间的视野也变得更加开阔，并从物理学、天文学等方向提出了新的时间理论。爱因斯坦"相对时间论"的提出，无疑是对传统时间观念的一种颠覆。

"一千个人有一千种时间观念"

莎士比亚有一句名言：一千个人眼里有一千个哈姆雷特。同样对于不同的人来说，即使在同一个事件中，他所感知到的时间也会有所不同。

狭义相对论认为，作为联系宇宙及宇宙观察者的纽带，时间不可能作为个体单独存在，它必须依附于宇宙及宇宙事件的观察者。当不同的人观察同一个相对匀速运动事件时，他们测出的时间是不同的。举一个简单的例子，在同一位观察者看来，相对于他做匀速运动的钟比相对于他静止不动的钟走得要慢。假如钟的速度可以接近光速，这种感觉将会更加明显。广义相对论则得出了这样一个结论——在引力场的作用下，地球上的钟的走速会随海拔的增高而加快。海拔每增加100米，钟的"脚步"会加速百万亿分之一秒。爱因斯坦的这些理论已经得到了验证。

时间走得有快有慢

有一个著名的例子可以解释爱因斯坦的"相对时间论"：一对双胞胎兄弟都从事宇航员的工作，他们现年30岁，分别叫作阿尔法、贝塔。现在，阿尔法需要去一个离地球8光年远的星球，他乘坐一艘太空飞船出发了，按照每秒钟飞行24万千米的速度，他往返共需要20年时间。这里需要考虑的实际情况是，为了保持飞行的平均速度，阿尔法在飞行过程中会加速，在到达该星球时则需要减速。由于这对双胞胎的时间参照标准有了差异，任务完成后阿尔法重新回到地球，正好赶上参加贝塔50岁的生日派对，但是对他自己来说，时间只是过了12年，阿尔法整整比贝塔年轻了8岁。

地球上的20年，太空中却只有12年，这是为什么？原来，时间具有伸缩性。美国的两位物理学家在1971年通过真实的表"捕捉"到了时间的这个性质：他们乘坐一架普通的飞机围绕地球进行环球旅行，当他们回到起点

探索时间奥秘

在爱因斯坦的相对论及20世纪的杰出天文成果的基础上，科学家们提出了宇宙诞生的理论模型——"宇宙大爆炸"。假设这一理论成立，我们就必须接受一个假想：现在这个宇宙的"年龄"至少已经有了100亿岁了，而且在遥远的几百亿年后，它将极有可能"寿终正寝"，这样的假想未免令人有些惊骇。

时，飞机上的四座原子钟显示的时间都比地面时间晚了59纳秒。这和爱因斯坦广义相对论的观点有异曲同工的地方，越靠近地面，时间流逝的速度越慢。住在地下室里，会感觉时间过得比住在顶楼慢，假如人一生中一直住在一楼，将会多活一微秒。

■ Part2 第二章

为什么会有昼夜交替和四季变换

白天和黑夜换班工作，春夏秋冬四个季节轮流掌管人间，大自然有着它特定的运转规律。

每天早上，太阳神阿波罗驾着他的金车升上东面的天空，白天开始了，到了晚上，他回到位于西方的家中，夜神的工作就开始了；一年之中，司掌四季的四位天神各自工作三个月，为大地带来春夏秋冬的不同景致。我们知道，天神带来自然现象变换只是神话传说，那么，这一切的科学解释又是什么呢？

为什么会有白天黑夜的分别

由于地球是个不透明的球体，当它在围绕着太阳自转时，就会有一面被阳光照射到，另一面则背对着太阳。这时候，地球向阳的一面就会迎来白昼，背阳面就进入黑夜。地球不断自转，以便于球面上的每一个区域都能接受到阳光的洗礼，向阳面和背阳面因此不停变换，带来白昼和黑夜的交替。

地球上以晨昏线为界，将处于白昼的半球称为昼半球，处于黑夜的半球称为夜半球。晨昏线将它"路过"的纬线分为昼弧和夜弧两部分，赤道上由于位置特殊，昼弧和夜弧的长度是始终相等的。此外，每年在北半球的春分日和秋分日，地球的赤道都会正对着太阳，全球白昼和黑夜时间相等。在一年中的其他时间，地球各纬线上的昼弧和夜弧长度都不相同，昼夜时间也不相等。每年春分到秋分，北半球进入夏季，昼弧比夜弧长，白昼从低纬度向高纬度逐渐变

❖ 黎明

长，在北极附近达到极昼状态。相反地，南半球此时处于冬季，夜弧长于昼弧，南极附近出现极夜现象。北半球的冬半年从秋分开始，到第二年春分结束。在这半年内，北半球的黑夜从低纬度向高纬度逐渐变长，北极附近进入极夜。同样地，处于夏季的南半球白昼长，黑夜短，南极附近"开启"极昼"模式"。

为什么会有四季不同的景象

夏天过去，秋天到来，冬天走了，春天就回来了，四季在一年年的轮回中，周而复始地循环着。是谁在操控着四季变换的"大权"呢？

在寒冷的冬季，围着火炉取暖时，不知道大家有没有注意到这些现象：如果我们正面对着炉火，就会觉得火光炙热得厉害，但侧着身子对着炉火，就会觉得温度十分适宜；冬天时，住在坐北朝南的房间里，会觉得阳光比较充足；夏天时同一间房子却照射不到阳光，这是为什么呢？

原来，这一切的奥秘都与太阳高度有关。

在地球的公转行为中，地轴与轨道面始终保持着固定角度的夹角。因为地轴

❖ 冬季滑雪

在北半球，每年的12月22日是冬至日。在这天中，北半球的白天是一年中最短的，而夜晚是最长的，在纬度最高的北极地区，会出现奇特的极夜现象。和北半球相对的南半球在这一天则白昼最长，黑夜最短，住在纬度最高的南极附近地区的居民，会迎来漫长的极昼。

是倾斜的，所以当地球运转到不同的位置时，太阳高度对于地球上的不同地点来说并不相同。和烤火的道理一样，冬天时，太阳高度低，阳光可以斜着照射到房间里，地面的温度也会比较低；夏天时，太阳高度高，阳光直射地面，在同一间房子里就很难看到阳光的"身影"，地面的温度相应较高。

因为地球是始终倾斜着身子绕着太阳这一天然火炉转的，所以，太阳高度不是保持不变的，而是呈周期性变化趋势，因此，阳光对地球表面的直射和斜射也是周期性的。这就是产生四季变化和昼夜交替的根源所在。

❖ 守望春天的小鸟

第三章
怎么测量时间

　　既然人类已经与时间十分"熟悉"了，那么，对时间进行测量就必然是人类需要完成的科学工作。如何测量时间？长期以来，人类苦思冥想，从古代的日晷、圭表、水钟、浑仪、天体仪、漏刻，到现当代的石英钟、原子钟；从过去的时辰、更、刻，到现在的时、分、秒，不管是计时工具，还是计时单位，人类都在不断地"打磨"着测量时间的"利剑"。

Part3 第三章

一年真的是 **365** 天吗

一年 12 个月，4 个季节，365 天。但是，一年真的是固定等于 365 天的吗？

不管对于小朋友还是对于大人来说，过年都是一年中最值得期待的事情，这意味着旧的一年离去，代表着新的一年降临。年是什么？一年究竟有多长？自从有"年"这个概念之后，人们就不断地寻找着这些问题的答案。大家知道，透过不同的参照物去看我们生活的这个世界，同样的事物会展示出不同的面貌，年也是一样。

以恒星为参照物的恒星年

在天文学上，常常用到"恒星年"的概念，指的是地球围绕太阳运行一个周期所需要的实际时间。恒星年的测算方法是，当太阳

和某一恒星处于同一位置时，在地球上选定这一位置为起点进行观测，所观测到的太阳初次经过和再次到达该起点之间的时间间隔，为365日6时9分10秒，就是一恒星年。

恒星年是计量地球公转周期的真正标尺，在一恒星年里，假如人类可以从太阳上观察地球，就能看到地球的中心从天空中一个固定的点启程，围绕着太阳进行它的旅程，行程结束后再回到出发点；但是从地球上观测的话，就会看到另一番景象：太阳的中心从地球公转轨道上的一个点启程，环绕着地球运行一周，再回到出发地。

四季组成的年——回归年

除了恒星年外，在长期的天文观测中，科学家们得出了另一种关于年的概念。那就是回归年——由四季组成的年，即以春分为起点，观测到太阳中心先后两次经过这一起点所需要的时间间隔，为365天5小时48分46秒，又称太阳年。

回归年比恒星年稍微短一些，这是由于在月球、行星、太阳引力的作用

下，地球赤道部分的自转轴绕黄道向西移退，从而出现了岁差现象。

地球两次路过近日点——近点年

在地理学中我们学习到，地球围绕着太阳运动时，会产生一个椭圆形的轨道。轨道上有一个离太阳最近的点，即通常所说的近日点，出现在每年的一月初。以近日点为固定观测点，地球在轨道中两次来到近日点间的时间长度，就是近点年。

近点年从每年的 1 月 3 日开始，长度为 365 日 6 小时 13 分钟 52.529 秒，稍长于回归年。这是因为从别的行星摄取地球轨道时，由于种种因素，近日点每年都会稍有移动。

Part3 第三章

不同的时间**计量法**

自从有了时间观念，人们就对周围一切事物的年龄产生了强烈的好奇心。如何计算不同事物的年龄，人类不停地思索着。

宇宙中的天体是什么时候"出世"的？科学家们是怎么判断古代生物历经的岁月的？为什么会有年、月、日、世纪的概念？一个个问题，像是一个个难解的谜团一样，吸引着求知若渴的人类前去一探其中的奥秘。人类的年龄，尚且有周围人

的见证；各种交通工具的速度，也有简便易行的计量方法。宇宙的年龄、微观世界里物质的运动速度、时间概念里宏观和微观的极端，又是通过什么方法测量出来的呢？聪明的科学家们，有他们的方法。

天体的年龄是怎么计算的

天体诞生的年代已经非常久远，远到难以有明确的记录供人类还原它们"发出第一声啼哭"时的场景，但是科学家们还是想出了一个好办法来计算它们的年龄。那就是利用天体总质量和天体能量转换间的关系，通过两组测算数据，即天体的质量和其能量损耗速度来计算。有了这样的方法，哪怕是间隔了几百万年甚至几百亿年的时间，天文学家也能算得出来。

知识小链接

我们常说的世纪、年、月、日，是天文学历法的计时方法。历法忠实地反映了地球自转和公转的周期，地球的这两种运动和人类的活动有着密切的关系，并带来了昼夜交替和四季变换。历法的基本任务就是，在没有整倍数的地球自转和公转活动中，"顾及"到昼夜和四季之间的关系。此外，现代的时间测量已经精确到秒以下的飞秒。

也许你不禁要问，这样的方法能算出地球存在的时间，或岩石生成的时间吗？其实，推算地球和岩石的出生时间，科学家们有另一套更加精确的方法——"放射性元素衰变法"。他们首先分别测算出岩石中已经发生衰变和尚未发生衰变部分的质量，由于放射性元素的衰变速度是固定不变的，经过对比后，就能得出岩石的年龄。正是用这种方法，科学家们推算出地球已经存在了46亿年，并衍生了一门专门的地质纪年学学科。

古生物的年代是怎么确定的

一些科普节目常常介绍到古生物诞生的年代，科学家们是怎样知道那些生活在许久以前的古生物的年龄的呢？原来，他们的"计算器"是生物生理节律。由于所处环境的不同，生物的生理特征会随之出现变化，表现在骨骼、外形、内部结构等方面，就会形成不同的纹理、花样，就是所谓的生理节律记录。通过对化石的研究，科学家们了解了古生物的生理节律，再换算到现代计时法中，与现代同类生物的生理节律进行对比，从而推算出古生物时钟，得出古生物时代。古生物时钟是判断地球长期处于逐渐变慢的速率中的重要依据，在这一时间计量法的研究基础上，目前已形成了专门的科学——古生物节律学。

Part3 第三章

形形色色的古代 "钟表"

想知道现在的时间是一件非常方便的事，瞄一眼手机或看一眼腕上的手表就行。然而在古代这却是一件非常困难的事。

在钟表被发明之前，人们是怎么来计算时间的呢？在有文字记载的古代历史中，我国人民在长期的生活实践中制定了一套计时法则：在西周之前使用的是百刻计时法，即把一昼夜平均分为一百个时刻，每一时刻等于现在的 14 分 24 秒；到了汉朝时，主要使用太阳方位计时法；隋唐时又衍生为 12 时辰计时法，每个时辰等于现在的两小时长；直到明末清初，西方发明的钟表传入我国，我国才使用 24 小时制的世界统一计时法。为了和 24 小时计时法时间一致，百刻计时法也被改为 96 刻制，把一昼夜分为 96 刻，一小时内分为 4 刻。古代的夜里使用的是"更"的计时法，一夜分为 5 更，每个更的时间长短视不同季节里夜的长短而定。

这些计时法只是一个计算时间的系统方法，如果想知道某时某

刻的具体时间，还必须有具体的计时工具。在不同的历史时期，我们的祖先制造了各种计时器以计算时间。

最古老的"钟表"——圭表

我国最古老的一种计时器叫圭表，在典籍《周礼》中可以找到使用土圭的记载。圭表是利用太阳投射的影子的长短来判断时间的。它由两部分组成，一根标杆或石柱，叫作表；一块刻板，叫圭。表垂直竖立在平地上，圭南北方向放置着，太阳照射表后

投下的日影正投射在圭上，看表影的长度在圭上的刻线就知道时辰了。所以古人把时间称为"光阴"，时间的长短也常用"分""寸"等词来表达。

古代使用最久的"钟表"——日晷

日晷是我国古代使用最久的常用计时器，出现在圭表之后。根据出土的文物，日晷在汉朝以前就开始使用了。它是根据日影位置来确定当时的时辰的。日晷由一根晷针和一个晷面组成，随着太阳在天空中移动，晷针的投影就像钟表的指针一样在晷面上移动着，看晷针指到晷面上的哪一条刻线就可以知道什么时辰了。

古代使用范围最广的"钟表"——漏刻

圭表和日晷都是利用太阳的影子来工作的，只适合白天和晴朗的天气，那么在夜里或阴雨天，靠什么来计算时间呢？为了解决这个问题，古人制造了漏刻，也叫刻漏。漏是带孔的壶，刻是有刻度的浮箭。在漏壶中插入一根刻有时刻标记的标杆，称为箭，下面用木块或者竹板托着，使箭浮在水面上。在漏壶中装满水，水从孔里流出，箭杆便随之下沉，从壶口处箭上的刻度可以看到指示的时刻。这种工具白天黑夜都能计时，而且设置、使用比日晷更为方便，所以在我国使用钟表之前，漏刻在人们的日常生活中使用得最为普遍。我国古代文学作品中就有许多关于漏刻的章句，例如唐代诗人李贺有"似将海水添宫漏，共滴长门一夜长"，宋代诗人苏轼有"缺月挂疏桐，漏断人初静"的著名诗句。

机械计时器

以上三种计时器都是一种简单原始的计时工具，时间的误差较大，且使用也有许多不便。后来的人们逐渐制造出利用自然之力来驱动的机械结构的计时器。到了公元117年，东汉的科学家张衡制造出了大型天文计时混合仪器——水运浑天仪，初步具备了机械计时器的特点。之后的历代在此基础上都相继制作了机械装置的计时仪器，其中以宋代苏颂制造的水运仪象台技术最为先进，它的计时机械部分有许多功能，能在不同时刻由不同木偶出来击鼓报刻，摇铃报时，并且分别示牌报告子、丑、寅、卯等十二个时辰。不过当时这类计时器还不是独立的计时器，它们是观测天文的仪器，兼具计时功能。直到14世纪60年代，我国的机械计时器才从天文仪器中脱离出来，具有了传动、齿轮系统，离现代的机械钟表只差一步，遗憾的是，最终机械钟表还是被西方人"抢先"制造出来，后来传入我国。

知识小链接

我国古代除了上述几种主要的计时器外，还有其他一些计时方法，如燃香、沙漏、油灯钟、蜡烛钟等。古代西方人使用的计时器和我国也大同小异，但是，最终他们制造出了钟表这一精密的计时器，为人类的生活提供了极大的方便，在机械钟表的基础上也衍生出了现在的各种功能的钟表。

Part3 第三章

原始的天文观察台——圭表

> 从有人类开始，大自然就展示了无限的奥秘，为了探索自然，古人制作了各式观测工具，虽然很简陋，却是迈向文明的开始。

圭表的"孵化过程"

太阳，是人类及万物生存必不可少的事物，它每天有规律地东升西落，一直被当作时间的指示牌。所以在日出而作、日落而息的远古时代，人们对于时间的认识和探索都是从太阳开始的。最初，人们只靠太阳在天空的运行位置来确定时间，这种方法很简单，而且误差很大。后来，人们发现所有的物体在太阳光照射下都会投下影子，而且这些影子的长短和位置变化有一定的规律，于是利用这个现象制作出了用来观测天象的原始工具——圭表，这是我国最早也是世界最早的，同时具有观测天象和计时功能的仪器。

圭表大概出现在3000年前的西周时期，据传为周公旦制作。它由两部分组成：

❖ 圭表

一根直立着的石或者木做的柱子，叫作表；一块刻有标线的石板，叫作圭。圭南北方向放置在表的北面，以便于太阳把表影投在板上。开始时人们用尺子测量出表影的长度和方向，表示出某个时辰，后来就在石板上刻上线条，表示不同的时辰，只要看到表的投影在哪根线条上，就可以知道是什么时辰了。

圭表更重要的功能是测出一年的周期和节气。古人通过对圭表的长期观察，发现在不同的季节，太阳的起始方位和正午高度都有所不同，并且呈现周期变化的规律。在一天之中，中午时候表的影子最短，太阳刚升起和落下时最长；有一天中午的表的影子是一年中最短的，人们就把这一天定为夏至，两个夏至日之间相差了约 365 天；有一天中午的表的影子是一年中最长的，人们就把这一天定为冬至，两个冬至日之间也相差了约 365 天，由此，春秋时代的人们就得出了一年的时间长度为 365 天的结论。

历史上一些著名的圭表

圭表是中国古代观测天象的仪器，古代天文学的主要观测手段就是利用圭表测影，根据圭上的表的影子，测量、比较和标定太阳影子每日、每年的变化，可以起到确定方向、测量时间、求出一年天数、划分季节和制定历法的作用，所以历代都制作有圭表。

在出土的圭表中，1965 年在江苏仪征石碑村 1 号东汉中叶时期墓出土的圭表，是中国现存最早的圭表。它是一件袖珍铜圭表，表长 19.2 厘米，圭长34.5 厘米长，圭和表之间有枢轴相连为一体，不用时可将圭表平放在匣子里面，需要使用时再取出，将表竖立起来和圭垂直。根据传统说法，表的高度一般都为 192 厘米，这个铜袖珍圭表的表长刚好为 192 厘米的 1/10，可见它是按照圭表的比例缩小的一件便携式的计时器。匣子启合自如，便于随身携带，圭表做工精细，显示出设计的精巧和铸造的精密。

我国用圭表来测定时间，一直延至明清，圭表在钟表传入我国之后才渐渐被摒弃。现存的著名的圭表有河南登封观星台，表为 13 米的高台、圭为 42 米长的"量天尺"的巨大圭表；南京紫金山天文台存有明代正统年间所造的圭表；北京古观象台有郭守敬制作的圭表的铜仿制圭表等。

圭表的精确度是由表决定的，表越长，测量出的时间越精确。为了提高圭表的精确度，在古代周公测时的地方，元代的天文学家郭守敬设计并建造了一座把圭表增高增长的观测台。这个硕大的"圭表"的表是一座 9.46 米高的石台，圭是位于石台北面的石板铺的地面，叫"量天尺"，由于圭表的尺寸很大，所以它的测量精确度比以前有了很大的提高。

❖ 圭表

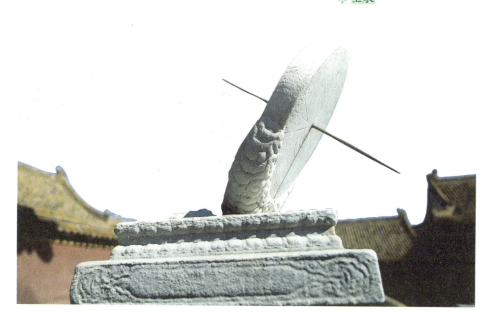

Part3 第三章

石制的钟表——日晷

到欧洲的一些城市去旅游，常会在一些广场或者公园，发现像卫星接收器一样的装置，但它们却是石头制作的，这是什么呢？

人类从蒙昧到文明的发展，一切都源于探索发现和创造，而所有的发明创造也都是在不断的改进当中，一步步趋向合理，最后更适合人类的需要。

圭表的改良品

为了计算时间，人们制出了圭表，但圭表也有明显的不足之处：位置固定，精确率较低。后来人们在圭表的基础上加以改进，制成了新的计时器，叫日晷，又叫日规。

我国日晷早期的发明历史没有明确的文字记载，最早的明确记载是在《隋书·天文志》里，里面提到了隋朝开皇 14 年，一个叫袁充的人制作的短影平仪，即我们今天说的地平日晷；南宋曾敏行的《独醒杂志》里也记载了一种赤道日晷；明朝马中锡的《中山狼传》里也有关于日晷的记载。

日晷从圭表改进而来，它的工作原理和圭表是一样的，都是利用太阳光对物体投射的影子来测定时刻的。

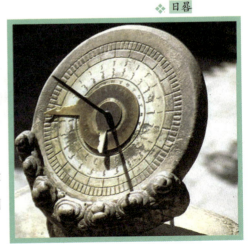

❖ 日晷

它的构造和圭表稍有不同：它由指针和圆盘两部分组成。指针通常是由铜制成的，圆盘是石制的。指针垂直地穿过圆盘的中心，相当于圭表中的表，叫晷针；圆盘放置在石台上，南高北低，相当于圭表中的圭，叫作晷面。

晷面的两面都刻有刻度，分为子、丑、寅、卯、辰、巳、午、未、申、酉、戌、亥十二个时辰，每个时辰又等分为"时初""时正"，合起来是一天的 24 个小时。

阳光照射在晷针上，晷针的影子投射在晷面上，人们从晷针的影子长短和方向两个方面的变化来计算时间：早晨，晷针的影子最长，随着太阳的运行、时间的推移，影子逐渐变短，到最短时为中午，一过中午影子又重新变长，到太阳落下时又为最长；从早晨到傍晚，晷针的影子一直在自西往东移动。早晨，针影投向晷面西端的卯时；中午，太阳到达正南最高位置时，针影位于晷针正下方，指示着午时；午后，太阳西移，针影随之东斜，依次指向未、申、酉各个时辰。日晷的整个工作过程就像一座现代的机械钟表，晷针的影子犹如钟表上的指针，晷面犹如钟表的表面，刻度则如钟表的数字。

日晷的多种多样

晷盘大多是石制的，早期也有木制的；晷针是金属制作的，多为铜质。根据晷盘的放置方法和使用地区不同，日晷可分成地平式、赤道式、子午式、立晷等多种。

❖ 日晷

探索时间奥秘

知识小链接

日暑被人类使用长达几千年，在古老的埃及就发现了日暑。包括古希腊、中国和古罗马在内的其他文化古国，都曾使用日暑。在古老的《旧约》里还记载了一种没有指针的日暑。绝大部分的日暑显示的都是正常太阳时间，有些特殊的日暑在设计上做了改进，能够显示标准时或夏令时。

地平式日暑：也叫作水平式日暑，地平式日暑的暑面必须严格水平，暑面和暑针之间的夹角就是当地的地理纬度，只适合在低纬度地区使用。最早的日暑就是地平式的，这种日暑暑面的刻度比较复杂，如果采用均匀刻画的方法，计时误差相当大，只有利用三角函数计算才能准确确定，所以有很大的缺陷。但它制造容易，安装简便，常常安装在城市广场、花园、码头和游览点等地方，除了可以作为一般的测时工具外，还可以作为一种别致的风景装饰品。

赤道式日暑：依照使用地的纬度，将暑针朝向北极方向固定，观察针影在垂直于暑针的圆盘上的刻度来判断时间。暑面上的刻度是等分的，夏季针影在圆盘的北面，冬季针影在暑盘的南面，适合中低纬度地区使用。如果把圆盘改为圆环则称为赤道式罗盘日暑。

❖ 日暑

东或西向垂直式日暑：标有刻度的暑面朝向正东或正西并且垂直于地面。这种日暑只能在上半日或下半日使用，但全球各纬度地区都适用。

南向垂直日暑：标有刻度的暑面朝向正南并且垂直于地面。这种日暑较适合在中纬度地区使用。

Part3 第三章

"钟表世家的老大哥"——漏刻

在我国古诗词中，作者常常借助"漏刻"这一意象，表达对时光流逝的感慨。漏刻，是我国古代众多计时工具之一。

古代著名诗人王维的诗中有云："上路笙歌满，春城漏刻长"。除了王维，还有许多诗人在创作时也喜欢以漏刻为时间的代名词。在诗词中的频繁出现，为漏刻这一计时工具涂上了一层难以言表的浪漫色彩，让我们产生了无尽的遐想。那么，漏刻究竟长什么模样？它又是怎样工作的呢？

饶有趣味的外形

漏刻是什么时候发明的？因为谁也不能"穿越"回古代去一探究竟，这个问题到现在也没有确切的答案。但是，根据一些史料的记载，早在西周时，漏刻就已经出现了，可见它并非钟表"世家"的"新生儿"，而是一位"老大哥"。除了我国古代，四大文明古国中的古巴比伦和古埃及等也都使用过漏刻。

漏刻诞生初期，是由漏壶和一根被箭舟托着浮在水面上的箭组成的。当漏壶中的水位出现变化时，箭随之上升或下沉，漏壶口处跟着展示出箭上的时刻。因此，漏刻又名箭漏。随着制作工艺的进步，后来的漏刻身体分为漏壶和标尺两部分。其

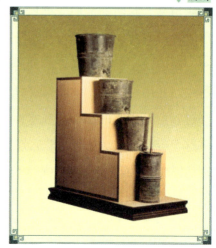

❖ 漏刻

中，漏壶有两种：泄水型和受水型，其作用是泄水或盛水，标尺具有标记时刻的功能。标尺被置于漏壶中，使用时随漏壶内水位的变化上下浮动，从而得出相应的时间。

根据漏壶的不同作用，可以将漏刻分为受水型和泄水型。但不管属于哪种类型，由于漏刻是一类具有典型等时计时特征的装置，其计时准确与否，都和漏壶中水流的均匀度有着直接关系。起初，漏刻大多采用单只漏壶，但在壶中水位的影响下，滴水的速度无法保持均匀，严重影响了计时的准确性。后来，古人发明了多级漏刻，很好地解决了这一问题。多级漏刻其实就是将多只漏壶上下相串成一组，从上到下每只漏壶都依次往下滴水，从而使位于最下方漏壶的滴水速率与其上面的那只漏壶保持一致，这样一来，漏壶中的水位就会保持在恒定的水平，滴水速度更加均匀，大大提高了计时的准确度。

此外，我国古代还出现了称漏和沙漏等结构原理类似于漏刻的计时工具，它们分别以称量水重和以沙代水来计量时间，但使用时间和应用范围都不及漏刻久。

古人从陶器滴水中得到的启示

古人们在观察生活中的现象时，发现了一个有意思的现象：当盛水的陶器出现裂缝时，水就会从缝隙中比较均匀地滴出来。聪明的他们受到启示，就发明出一种带有孔洞的漏壶，让水从壶孔中流过，滴落到一个置有刻着时刻的箭杆的容器中，并用竹片或木块将箭杆托起，使它穿过容器盖中心的小孔浮在水面上。古人将这个容器命名为"箭壶"，功能类似于现代钟表的钟面。当箭壶中的水位升高时，箭杆的位置也会随之上浮，人们只须从盖孔处观察箭杆上的时刻标记，就可以得出

知识小链接

1968 年，位于河北省满城的西汉中山靖王刘胜的墓中，出土了一件公元前 113 年前的铜漏。这件铜漏是刘胜的陪葬品，高 22.4 厘米，由于体形"娇小"，它所装的水不足以滴一个时辰，且水流的速度难以均等，计时精度较低。这件典型的单壶泄水型沉箭漏目前收藏于中国社会科学院考古研究所。

当前的具体时间。

关于漏刻文物的二三事

我国最早关于漏刻的记载出现在《周礼》中，目前已出土的三件最古老的漏刻，诞生于西汉时期，保存得较为完整的两件均为受水型。在现存的漏刻文物中，北京中国历史博物馆保存着一件元代延祐三年制品；北京故宫博物院收藏着一件1745年制品，这件铜壶漏刻的漏壶上雕刻着精致的龙头，水流就从龙口中向下滴落。它的箭杆以15分钟为一格，刻着96格，被一个做工精巧的铜人环抱着，铜人手握箭杆的地方，就是指示时间的标志。

❖ 漏刻

观察日月星辰的"眼睛"——浑仪

> 美丽的日月星辰挂在遥远的天空中，散发着诱人的神秘气息，激发着人类无限的想象和探索它们真相的愿望。

为了能"看"清这些天体的真面目，人们制作出了各种观测天象的仪器，浑仪就是我国古代著名的一种天文观测仪器，我国古代天文学家就用它来测量天体的位置。

浑仪的模样

"浑"是圆球的意思，古人认为天是圆的，形状就像一个蛋壳，天上的星星是镶嵌在蛋壳上的小点，地球是里面的蛋黄。人们站在这个蛋黄上观测日月星辰的位置，并以浑天说理论为基础，制造了一种观测天体位置的仪器——"浑仪"。

浑仪主要是由几个有刻度的金属圆环和支撑架组成的，这些圆环代表着天体意义上的赤道、黄道、子午圈等，相对应的环就叫作赤道环、黄道环、子午环等；浑仪的中央通常代表着地球，起重要作用的是观测管，它是一根

◆ 浑仪

中空的管子，就像现代的望远镜，人眼通过空管对天体进行观测。内层有个四游仪支撑着这个观测管，使它能指向天上任何一个方位；四游仪是一个双重的圆环，它把观测管夹在中间，窥管可以在这个双环里自由滑动，观测任何方向；这个双环绕着两个支点旋转，双环所在的平面可以扫过整个天球；双环和观测管的两种旋转运动，可以使观测管指向天球上任何一个方向。历史上的浑仪经过多次改进，但四游仪都是其不可缺少的部分。浑仪的主要用作是研究围绕地球运行的天体轨迹，是我国最早期的复杂机械仪器，它的发展历程促进了机械的设计和制造。

变来变去的模样

史籍中明确记载浑仪的第一个制造者是汉朝蜀郡的落下闳，他曾应汉武帝之召，来到当时的京师长安参与制定《太初历》。在编书过程中，他用他制造的浑仪观测天象，测定了五大行星的运行情况、二十八星宿之间的距度等，取得了制定《太初历》的第一手资料。但是，据落下闳自己说，浑仪并

❖ 浑仪

不是他最先发明的，在他年轻的时候，就曾见过别人制造的浑仪。

据考证，中国浑仪的发明大约是在战国中期至秦汉时期，其结构经历了一个由简到繁而又到简的历程。最初的浑仪构造比较简单，大概只有一个赤道环和一个赤经环，两个环中间夹着窥管，通过窥管观测待测量的天区或星座。

但是用这架只有赤道环的仪器来测量太阳和月亮的运动时，人们发现这两者的运动都是不均匀的，这和西汉天文学家们制造浑仪时的设想不一样。经过反复研究探索，古人发现太阳和月亮并不是沿着赤道运动的，它们都是沿着黄道运动的。即使它们在黄道上的运动是均匀的，用赤道来度量它们也不可能是均匀的。公元104年，东汉的贾逵在浑仪上增设了黄道环，以黄道来测量太阳和月亮的运动，我国历史上第一架黄道铜浑仪由此而生。

随着对天体认识的不断深入，历代天文学家对浑仪进行了不断改进和完善。从汉代到北宋期间，浑仪的环数在不断增加。先增加了黄道环，用来观测太阳的位置。后来又增加了地平环和子午环，地平环固定在地平方向，子午环固定在天体的南北极方向。这时，浑仪便形成了二重结构。到唐代时，浑仪已经发展成三重结构：最外面

的一层由固定在一起的地平环、子午环和外赤道环三个环组成，分别指向东西、南北、上下 6 个方向，故名六合仪；中间的一层由黄道环、白道环和内赤道环三个环组成，可以绕着极轴旋转，叫三辰仪，其中白道环是观测月亮的位置的；最里层是四游仪。北宋时，又增加

❖ 浑仪

了过春分、秋分点的二分环和过夏至、冬至点的二至环，称为赤经环，这时的浑仪环数达到了最多。

多重环的复杂结构虽然使浑仪具备了更多的功能，对天文学研究起了重要的作用，也显示了我国古代科学家的杰出智慧和创造力，但是要精密地组装起来十分困难，容易产生中心差，造成观测结果的偏差；而且每个环都会遮蔽一定的天区面积，环数越多，被遮蔽的天区面积也就越大，妨碍了使用者的观测，降低了使用效率。为了解决这两个缺陷，从北宋起人们又开始了寻找简化浑仪的方法。北宋的沈括用数学计算来推算月亮的位置，取消了白道环；同时他又改动了一些环的位置，使被遮蔽的天区面积尽量减少。到了元代，郭守敬又取消了黄道环，并根据观测对象的不同，把浑仪按功能分为两个独立的仪器，叫简仪和立运仪，这就使浑仪使用起来更加方便，也大大提高了它的准确率。

知识小链接

简仪里赤道环的位置被移至旋转轴的南端，至今各个国家在天文台上安装望远镜时，还广泛采用这种方法；观测管两端各设有十字线，是后世望远镜中十字丝的开始。简仪和立运仪的设计和制造，领先世界 300 多年。近代各国天文台的赤道装置、经纬仪等，都可从简仪中找到它的原始雏形。

■ Part3 第三章

天空的模型——天体仪

人类的生存离不开光明，地球上的光明来自天空中的日月星辰，这些神秘物到底是什么？它们在天空中是怎样运动的？

古人把天想象成一个圆圆的蛋壳，日月星辰是点缀在蛋壳上闪光的小点点，为了观察这些小点点，人们模仿天空制造出了天体仪。

天体仪的构造

天体仪，又称"浑象"，是我国古代演示天象的一种仪器。它的主要部件是一个直径为 2 米的空心铜球，代表天球；球面上刻有纵横交错的网格，中间凸出的一个个小圆点代表天上的星辰，它们的位置完全按照天上的星辰位置标刻；球面当中刻有赤道圈，和铜球的中间钢轴相垂直；球面上南北直立着子午圈，圈顶上的最高点是一个铜制火球，代表着天顶；球体中间部分有一圆环与地平面平行，叫地平圈。地平圈有两个缺口，子午圈垂直地通过其中，四根立柱托着地平圈，把整个天体仪固定在底座上。整个铜球绕着一根金属轴转动，转动一周代表过了一个昼夜。不管是白天还是夜晚，人们都可以通过观察天体仪，随时观测当时出现在天空中的天体。

❖ 天体仪

天体仪的出现

我国很早就会制造这种天体仪，东汉时的天文学家张衡，把天体仪上和漏刻结合起来，不但解决了天体仪的动力问题，而且具备了准确的计时功能。他在天体仪上加了一套传动装置，利用稳定的漏刻的流水来推动铜球，使铜球速度均匀地绕金属轴转动，每24小时转动一圈，创造了一项光辉的历史成就。之后，又有唐朝的一行和梁令瓒、宋代的苏颂和韩公廉等人，在天体仪上加上自动报时装置，使之成为世界上最早的天文钟。

知识小链接

和古代别的天文仪器相比，天体仪更能直观、形象地观测日、月、星辰的运动规律和它们之间的相互位置关系，有助于人们充分理解地球在宇宙中和整个天球间各天体的运行状况，从它的形状和功能上，它直接启发了现代天球仪的出现，可以说天体仪是天球仪的原始模型。

可惜的是，这些史籍记载中的天体仪并没有被保存下来，安置在北京古观象台顶上的天体仪，是我国保存下来制造年代最早的天体仪。它于清康熙八年开始制造，由来华的比利时传教士南怀仁监制，于康熙十二年完成的。高2.735米，重3850千克。整个球面镶嵌着大小不等的镀金铜星1876颗，它们分为282个星座；用途有60多项，但它主要用途是对黄道、赤道和地平三个天体坐标系统之间的相互换算，以及模拟日、月、星辰在天球上的视觉位置等。

这座仪器1900年被德国侵略者抢走，藏于柏林，1921年才还回，现在安放在北京古观象台上，至今球面上还留有当年被打的弹痕。

❖ 天体仪

■ **Part3** 第三章

"飞入寻常百姓家"的钟表——石英钟

> 钟表大家都很熟悉,从机械表到电子表,众多的花样和款式使钟表从计时工具发展成为一种计时和装饰两用物品。

在 18世纪末,人类发明了机械钟表。直到20世纪,随着电子工业的迅速发展,电子钟表出现,钟表进入了微电子技术与精密机械相结合的石英化新时期。电池驱动钟、电机械表、交流电钟、数字式石英电子钟表、指针式石英电子钟表等各种电力钟表相继问世。电子钟表不仅款式新颖、走时准确、功能多,而且价格低廉,这使得钟表得以普及,成为普通家庭必备的日用品之一。

石英钟的工作原理

电子钟是用电力作为驱动力的钟表。20世纪40年代开始出现,以迅猛的速度发展,广泛应用在电子表、电视、电话、计算机、汽车等与数字电路有关的各种载体上,这些类型各异的钟表里面都少不了一个关键的元器件——石英振

荡器。

　　石英是一种矿物质，呈晶体状。它有一个特性，石英晶体某个方向受到机械应力后，就会产生电偶极子，反过来，对石英某方向施以电压，它特定方向上就会产生形变，人们把这种现象叫作逆压电效应。人们在石英

晶体上施加交变电场，发现晶体晶格就会产生机械振动，当外加电场的频率和晶体的固有振荡频率达到一致时，就会出现晶体的谐振。石英晶体在压力下产出的电场强度非常小，对它施加很弱的电场就可以使它产生形变。这个特性使压电石英晶体很容易在外加交变电场刺激下产生谐振。在实验中，对石英晶片的一侧接入正电流，另一侧接入负电流后，负电流的那一侧就会收缩并弯曲成 U 字形；如果定时交替在石英晶体两侧接入正、负电流，石英晶体就会产生振荡。利用它的振荡做成振荡器，振荡产生的频率驱动钟表的指针，于是钟表就开始工作。因为石英的振荡能量损耗小、振荡频率稳定等特性，使它自 40 年代以来就成为各种电子计时器的频率基准元件。故人们常把电子钟表称为石英钟表。

石英钟表的缺陷

　　在人们的日常生活中，时钟如果能够准确到秒就已经足够了。但是在许多科学研究和工程技术的特殊领域，对于钟点的要求就非常高，机械钟表显然很难达到要求。石英钟正是被这种需要催生的产品。最精确的石英钟，每天的时差不超过 10 万分之一秒，运行 270 年才只差 1 秒。但是这只是对一些

知识小链接

　　我国现已成为世界钟表生产大国，钟表的总产量连年位居世界第一。我国的钟表业主要集中在以广州深圳为龙头的珠三角地区、福建、浙江、江苏、山东、天津六大钟表主产区；其中光是福建漳州的石英钟产量就占据全国产量的 60%，目前漳州正在全力打造"中国钟表之城"。

好的石英晶片做成的钟表来说的，有许多石英晶体达不到这样的要求。天然石英晶体的杂质含量和形态等品质不一，好的石英晶片精度高，生产出来的钟表每秒误差在十万分之一秒；差的石英晶片精度低，生产出来的钟表每秒误差能达到一万分之一秒。听起来一万分之一秒感觉很小，但是计算一下，每天的误差就是 8.64 秒，1 个月就相差了 4 分钟，所以石英手表常常不准就是这个原因。而使用人工来均匀地生产人造石英难度很大，人类暂时还不能突破这一瓶颈。

　　石英晶体的另一个缺陷是工作环境的温度越高，其误差就越大。电脑内置的石英晶体每秒振荡 14,318,180 次，由于电脑工作时，里面有好多发热元件，因此电脑时钟走时比石英钟表更不准。鉴于这些缺陷，在 21 世纪，石英钟在许多领域已逐渐地被比它还要精确得多的电波钟表所替代。

Part3 第三章

世界上最精准的钟——原子钟

开车去陌生的城市，只要车上装了 GPS 导航系统，就完全不用担心找不到路，它会准确地带你找到想去的地方。

"落后"的时钟

在汽车的导航系统中，有一个重要的组成部分，那就是原子钟。在人们日常生活里，许多时候只需要大概的时间，但一些特殊行业或者科学研究，对时间的要求就非常严格。机械表显然满足不了这一要求，即使每天误差不

大于千分之一秒的石英钟，有时也不能满足一些高科技行业的需要，人们不断"奔走"在研制高精度计时器的道路上。

根据广义相对论，在引力场内，空间和时间都是弯曲的。放在珠穆朗玛峰顶部的时钟，比放在海平面处平均每天快三千万分之一秒。所以，要想精确测定时间，唯一渠道只能是利用不受弯曲时空影响的原子本身的微小振动来控制的计时器。

按照原子物理学的基本原理，原子是感应围绕在原子核周围不同电子层的能量大小，确定吸收或释放电磁能量的，且电磁能量不连续。当原子从高能量状态变为低能量状态时，它便会释放出不连续的电磁波，称为共振频率。同一种原子的共振频率是固定的，而且非常稳定，再加上有一系列精密的仪器控制，原子钟的计时就非常准确了，其精度可以达到每100万年才误差1秒，为天文、航海、宇宙航行等提供了强有力的保障。

寻找更精确的计时器材料

20世纪30年代，美国科学家拉比和他的学生在研究原子及其原子核的基本性质时，获取的这一"战果"，对原子钟的研制起了实质性的促进作用。拉比对用原子做的时钟进行了设想：一束处于某一特定超精细态的原子在穿过一个振动电磁场时，磁场的振动频率和原子超精细变化频率越接近，原子就会从电磁场吸收越多的能量，进而促成原子从原先的超精细态到另一状态的变化，调节磁场的振动频率，使所有原子均能产生状态的变化。利用振动场的频率作为节拍器来产生时间脉冲就可以制出原子钟。目前，原子钟已达到振动场频率与原子共振频率完全同步的水平。1949 年，拉比的学生拉姆齐使原子两次穿过振动电磁场，使时钟更加精确。1989 年，拉姆齐因此项发现获得了诺贝尔奖。

原子钟的种类

现在用在原子钟里的元素有氢、铯、铷等。氢原子钟是一种精密的时钟，1960 年由美国科学家拉姆齐研制成功，被广泛使用在现代的许多科学实验室和生产部门。它利用氢原子能量升级变化过程中辐射出来的电磁波，对石英钟进行控制和校准，稳定程度相当高，每天时差只有十亿分之一秒，被作为常用的时间频率标准，广泛用于火箭和导弹的发射、射电天文观测、高精度时间计量、核潜艇导航等许多方面。

最精确的原子钟是铯原子钟，它每秒发出 9 周、192 周、631 周、770 周的共振频率。在原子钟里放置着透镜、反射镜和激光器等 170 个元器件，中部是

❖ 铯原子钟

1949 年,世界上第一座原子钟"出生"于美国的国家标准技术研究所。1955 年,第一座准确的原子钟在英国国家物理实验室问世。原子钟已被成功地应用在太空、卫星以及地面导航方面。现在,美国推出的新一代超精确铷原子钟,大小和重量像一个火柴盒,只需要一瓦电力,一万年才有一秒钟误差。

一根高 1.70 米的管子,铯原子在管中上下移动,发出极为规则的振动,因此铯原子被制作成作节拍器来保持计时器的高精确的时间。GPS 卫星系统采用的就是铯原子钟。

在所有原子钟中,有一种最简便、最紧凑的钟,叫铷原子钟。这种时钟使用的铷气装在一个玻璃室里,当周围的微波频率和铷原子的振动频率刚好合适时,铷原子就会改变其光吸收率,产生时间脉冲。

Part3 第三章

时区是怎么回事

地球自转一周差不多 24 小时，这 24 小时是埃及人定的。

概是根据观察太阳升落发现的吧，具体原因好像没有记载。此外我国古代将一天分为十二个时辰。各地都这么分，出现的时间并不一致。

在应用公历中，由于发现世界时在各地的不统一性，于是，在 1879 年，加拿大铁路工程师伏列明提出了"区时"的概念，这个建议在 1884 年的一次国际会议上得到认同，由此正式建立了统一世界计量时刻的"区时系统"。

"区时系统"规定，地球上每15度经度范围作为一个时区（即太阳1个小时内走过的经度）。 这样，整个地球的表面就被划分为24个时区。各时区的"中央经线"规定为0度（即"本初子午线"）、东西经15度、东西经30度、东西经45度……直到180度经线，在每条中央经线东西两侧各7.5度范围内的所有地点，一律使用该中央经线的地方时作为标准时刻。

知识小链接

因为俄罗斯是世界上国土面积最大的国家，所以它也是跨越时区最多的国家。从地理上俄罗斯地跨11个时区，2009年经梅德韦杰夫提议，俄杜马通过，普京签署，将原来的11个法定时区削减至9个。

这种世界时区的划分以本初子午线为标准。从西经7.5度到东经7.5度（经度间隔为15度）为零时区。由零时区的两个边界分别向东和向西，每隔经度15度划一个时区，东、西各划出12个时区，东十二时区与西十二时区相重合；全球共划分成24个时区。各时区都以中央经线的地方平太阳时作为本区的标准时。 "区时系统"在很大程度上解决了各地时刻的混乱现象，使得世界上只有24种不同时刻存在， 而且由于相邻时区间的时差恰好为1个小时，这样各不同时区间的时刻换算变得极为简单。因此，一百年来，世界各地仍沿用这种区时系统。

民国七年（1918年），中央观象台提出将全国划分为5个标准时区：中原时区（GMT+8），以东经120度经线之时刻为标准，北京、江苏、安

徽、浙江、福建、湖北、湖南、江西、广东、河北、河南、山东、山西、热河、察哈尔、辽宁、黑龙江之龙江、瑷珲以西及蒙古之东部属之。

陇蜀时区（GMT+7），以东经 105 度经线之时刻为标准，陕西，四川、云南、贵州，甘肃东部，宁夏、绥远，蒙古中部、青海及西藏之东部属之。

回藏时区（GMT+6），以东经 90 度经线之时刻为标准，蒙古，甘肃、青海及西康等西部，新疆及西藏之东部属之。以上三者皆为整时区也。昆仑时区（GMT+5:30），以东经 82 度半经线之时刻为标准，新疆及西藏之西部属之。

长白时区（GMT+8:30），以东经 127 度半经线之时刻为标准，吉林及黑龙江之龙江、瑷珲之东属之。以上二者皆半时区也。

民国八年（1919 年），中央观象台出版的《中华民国八年历书》刊登了中国各大城市地理纬度表和所位于的标准时区及其标准时与该城市地方平时的比较表，发表了中国划分五时区的计划，同时提出了标准时如何传递的授时问题。

■ Part3 第三章

地质年代

地质年代就是指地球上各种地质事件发生的时代。

它包含两方面含义：其一是指各地质事件发生的先后顺序，称为相对地质年代；其二是指各地质事件发生的距今年龄，由于主要是运用同位素技术，称为同位素地质年龄。这两方面结合，才构成对地质事件及地球、地壳演变时代的完整认识，地质年代表正是在此基础上建立起来的。

> **知识小链接**
>
> 地质年表口诀：新生早晚三四纪，六千万年喜山期；中生白垩侏叠三，燕山印支两亿年；古生二叠石炭泥，志留奥陶寒武系；震旦青白蓟长城，海西加东到晋宁。

地质学家和古生物学家根据地层自然形成的先后顺序，将地层分为 5 代 12 纪。即早期的太古代和元古代（元古代在中国含有 1 个震旦纪），以后的古生代、中生代和新生代。古生代分为寒武纪、奥陶纪、志留纪、泥盆纪、石炭纪和二叠纪，共 6 个纪；中生代分为三叠纪、侏罗纪和白垩纪，共 3 个纪；新生代只有第三纪、第四纪两个纪。在各个不同时期的地层里，大都保存有古代动、植物的标准化石。各类动、植物化石出现的早晚是有一定顺序的，越是低等的，出现得越早，越是高等的，出现得越晚。

绝对年龄是根据测出岩石中某种放射性元素及其蜕变产物的含量而计算出岩石的生成后距今的实际年数。越是老的岩石，地层距今的年数越长。每个地质年代单位应为开始于距今多少年前，结束于距今多少年前，这样便可计算出共延续多少年。例如，中生代始于距今 2.3 亿年前，止于 6700 万年前，延续 1.2 亿年。

按地层的年龄将地球的年龄划分成一些单位，这样可便于人们进行地球和生命演化的表述。人们习惯于以生物的情况来划分，这样就把整个 46 亿年划成两个大的单元，那些看不到或者很难见到生物的时代被称作隐生宙，而将可看到一定量生命以后的时代称作是显生宙。隐生宙的上限为地球的起源，其下限年代却不是一个绝对准确的数字，一般说来可推至 6 亿年前，也有推至 5.7 亿年前的。

Part3 第三章

恒星时

恒星时是天文学和大地测量学中所使用的一种计时单位。恒星时是根据地球自转来计算的，它的基础是恒星日。

恒星时是天文学和大地测量学标示的天球子午圈值，是一种时间系统，以地球真正自转为基础：即从某一恒星升起开始到这一恒星再次升起（23时56分4秒）。考虑地球自转不均匀的影响的为真恒星时，否则为平恒星时。以地球相对于恒星的自转周期为基准的时间计量系统。

春分点相继两次上中天所经历的时间称为恒星日，等于23时56分409秒平太阳时，并以春分点在该地上中天的瞬间作为这个计量系统的起点，即恒星时为零时，用春分点时角来计量。为了计量方便，把恒星日分成24个恒星小时，一恒星小时分为60恒星分，一恒星分分为60恒星秒。所有这些单位统称为计量时间的恒星时单

知识小链接

恒星是由炽热气体组成的能自己发光的球状或类球状天体。由于恒星离我们太远，不借助于特殊工具和方法，很难发现它们在天上的位置变化，因此古代人把它们认为是固定不动的星体。我们所处的太阳系的主星太阳就是一颗恒星。

位，简称恒星时单位。按上述系统计量时间，在天文学中称恒星时。

恒星时在数值上等于春分点相对于本地子午圈的时角。因为恒星时是以春分点通过本地子午圈时为原点计算的，同一瞬间对不同测站的恒星时各异，所以恒星时具有地方性，有时也称之为地方恒星时。

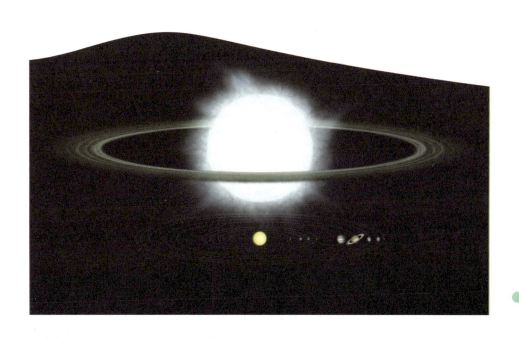

■ **Part3** 第三章

大型强子对撞机穿越时空有没有可能

时间旅行是科幻小说和电影中经常出现的必不可少的情节，最近有外国科学家认为，欧洲大型强子对撞机或许可以使其成为现实。

对此，中科院高能所粒子天体物理中心研究员陈国明表示：目前为止没有任何科学依据可以证明这种可能性的存在。然而两位俄罗斯物理学家认为运行强子对撞机造成的黑洞，要么小到用显微镜才能看到，要么大到可以让人们穿越时空，成为时间旅行的工具。

其中的一位伊戈尔·沃洛维奇表示：时间旅行符合现代理论数学物理的原理，有一种时间机器——"虫洞"，就是一个通往另一时空的隧道。而当高能量的粒子相撞时，就有可能促使"虫洞"的出现。这也是为什么称欧洲大型强子对撞机是时间机器的原因。

按照物理学的解释，"虫洞"是连接不同时间和空间的隧道，通过它可以从一个星系到另一个星系或从一个宇宙到另一个宇宙，也可以回到过去和

走向未来。从物理性质方面而言，"虫洞"的入口和黑洞的入口非常相似，区别在于被黑洞吸走就回不来了，穿越"虫洞"后还可以回来。

知识小链接

近代物理学认为，时间和空间不是独立的、绝对的，而是相互关联的、可变的，任何一方的变化都包含着对方的变化。因此把时间和空间统称为时空，在概念上更加科学而完整。

另一位持此观点的科学家伊丽·阿雷菲耶娃表示，如果想要造出时间机器，就必须让时间和空间像一个圆环一样封闭。她认为大型强子对撞机能做到这一点。物理学中将时间和空间像一个圆环一样封闭的这种现象称为"像曲线一样封闭的时间"，它从理论上允许人们回到过去。

欧洲核子研究中心大型强子对撞机对撞实验取得了成功。中国科学家参与到对撞机隧道里安放的 4 个探测器 CMS(紧凑缪子线圈)、ATLAS(超环面仪器)、LHCb(底夸克探测器) 和 ALICE(大型离子对撞机) 中，中科院高能所牵头对 CMS 和 ATLAS 探测器做出重要贡献。

作为 CMS 实验中国组物理研究负责人，陈国明对上述的理论并不赞同。陈国明认为，"虫洞"是一种连接黑洞和白洞的假设，按照这种说法产生了黑洞就有可能产生"虫洞"，因为黑洞是"虫洞"的入口。而欧洲大型强子对撞机"产生黑洞"的说法已经在媒体上讨论过很多次。

超弦模型，是一种把自然界四大相互作用力——引力相互作用、电磁相互作用、强相互作用和弱相互作用统一在一起的理论，对撞机中两个质子对撞以后可以产生迷你黑洞，但这样的黑洞寿命非常短，在产生的瞬间就会被蒸发成大量的强子。

超弦理论认为在每个基本粒子内部，都有一根细细的线在振动，就像琴弦的振动一样，因此这根细细的线被科学家形象地称

为"弦"。不同的琴弦振动的模式不同，振动产生的音调也不同。同理，粒子内部的弦也有不同的振动模式，只不过这种弦的振动产生的不是音调，而是粒子。弦的运动非常复杂，复杂到三维空间无法容纳它的运动轨迹，必须有高达十维的空间才能满足它的运动需求。

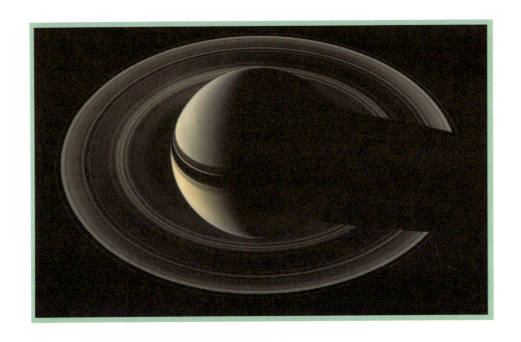

■ **Part3** 第三章

沙漏

沙漏也叫作沙钟，是一种测量时间的装置。西方沙漏由两个玻璃球和一个狭窄的连接管道组成。通过充满了沙子的玻璃球从上面穿过狭窄的管道流入底部玻璃球所需要的时间来对时间进行测量。

西方最早的沙漏大约出现在公元1100年，比我国的沙漏出现要晚。我国的沙漏也是古代一种计量时间的仪器。沙漏的制造原理与漏刻大体相同，它是根据流沙从一个容器漏到另一个容器的数量来计量时间。这种采用流沙代替水的方法，是因为我国北方冬天空气寒冷，水容易结冰的缘故。

最著名的沙漏是1360年詹希元创制的"五轮沙漏"。流沙从漏斗形的沙池流到初轮边上的沙斗里，驱动初轮，从而带动各级机械齿轮旋转。最后一级齿轮带动在水平面上旋转的中轮，中轮的轴心上有一根指针，指针则在一个有刻线的仪器圆盘上转动，以此显示时刻，这种显示方法几乎与现代时钟的表面结构完全相同。此外，詹希元还巧妙地在中轮上添加了一个机械拨动装

置，以提醒两个站在五轮沙漏上击鼓报时的木人。每到整点或一刻，两个木人便会自行出来，击鼓报告时刻。这种沙漏脱离了辅助的天文仪器，已经独立成为一种机械性的时钟结构。由于无水压限制，沙漏比漏刻更精确。

从 15 世纪起，沙漏在西方被广泛应用。麦哲伦在世界各地的航行期间，他的每艘船保持 18 沙漏。在船舶的文书工作中，运行沙漏从而为船舶的日志提供时间。

在基督教进入中国内地之前，居住澳门的外国商人和传教士已将中世纪欧洲钟携至澳门。传教士罗明坚和利玛窦分别于 1581 年、1582 年来华，他们不仅携带钟，而且有钟表修理匠随行。欧洲人普遍使用的沙漏、水钟 (即水日晷) 和重锤驱动的自鸣钟同时传入中国。沙漏传入中国后，曾在航海上用作计时器。

❖ 沙漏

第四章
时间的利用

　　时间就如一个难以驯服的野生生物，它自由自在地按照自己的意愿安排一切行动，使人难以捉摸它的脾性。但是，人类的发展离不开时间的制衡，人类征服时间的目的，就是为了更好地利用它，为我们的生产生活服务。

　　自古以来，人们就明白利用好时间的重要性。在科学技术尚且处于萌芽时期的古代，古人对时间的利用仅仅停留在一些比较浅显的层面上，但在高科技改变了整个生活方式的今天，我们对时间的利用已经渗透到生活中的各个角落。

Part4 第四章

人类的"后悔药"——时空旅行

我们常常在做错事之后说"要是有后悔药的话……"。然而，即使在科技高度发达的今天，世界上也没人能制造出后悔药。

"祖父佯谬"质疑时空旅行

人生难免有许多遗憾，因为我们无法让时光倒流重新来过，所以做过的事永远无法改变。但我们在科幻片里常看见某个人为了改变他目前的不利处境，乘坐时间机器返回过去，把以后会对自己不利的障碍排除掉。这样的情节让做过后悔事的人都感觉很兴奋。但是，如果真的让我们回到过去，我们改变的可能就不仅仅是自己做过的那件小小的后悔事，或者也不是像电影里的主人公那样只除掉那些小障碍，而是会改变整个历史。

对于目前科学界提出的时空旅行理论，人们提出了"祖父佯谬"来质疑：假设一个人通过时空旅行回到过去，杀死了他的祖父，这一行为将产生一个矛盾的结果，即既然过去没有他的祖父，就不会有今天的他，那么他是从哪

里来的呢？而如果没有他，杀死他祖父的凶手又是谁？这个假设提出了关于回到过去时空将会和现在社会产生矛盾的最实在的问题。

破解"祖父佯谬"

面对"祖父佯谬"，许多科学界人士试图解决这一矛盾。20世纪90年代初，牛津大学的物理学家杜齐发表了他的观点：那个杀了祖父的人记得他曾经杀死了他的祖父，但事实上他根本没有这样做过。这个理论不符合时空旅行的定义，只把时光旅行当成一种梦境。

与杜齐的观点不同，麻省理工学院的罗埃德教授领导的小组2009年7月在某知名网站发布了一份研究报告，采用了一种新的时空旅行理论，提出了解决"祖父佯谬"的方案，这个模型理论被称作"后选择模型"。

在罗埃德的观点里，任何矛盾行为都将被彻底禁止。其理论中心是：人可以通过时光旅行回到过去的时空，但一切可能导致未来佯谬产生的行为都被禁止。他的理论避开了产生时空旅行者做出和他本身存在相矛盾的行为的情况。罗埃德认为他的这一观点可以解决目前存在的大多数由于时空旅行而引发的悖论现象，严密控制住在时空旅行中可能导致矛盾产生的因素。但这个新的时空模型理论也有它自己的局限性，因为许多的历史大事都会和今天的情况造成冲突而被禁止，所以人们会选择一些认为无关紧要的小事来做，从而导致一些小概率事件发生的频率上升。

纽约IBM华生研究中心的查尔斯·伯耐认为罗埃德的这个理论并不严

密，他对此阐述为：一个人旅行到过去的时空里，对过去的事情做了非常小的改变，可能不会出现矛盾或佯谬现象，这样解释佯谬现象看起来很合理，但同时也意味着你非常接近造成佯谬的地步，在过去时空所做的非常小的改变，也可能在未来被无限地放大，造成矛盾的结果。以"祖父佯谬"这个例子来说，一个制作子弹的人，如果他通过时光旅行进入未来，得知他所制作的某一发子弹在某时某刻会被一位时空旅行者用来杀死自己的祖父，他一定不愿意这种事情发生，他会想办法阻止这个行动，或者把它做成一发废弹，或者用其他方法，让子弹无法击中目标。如果这种情况发生，旅行者的祖父就会成为一个怎么也杀不死的人，这也是违反自然规律的。

用实验"说话"

罗埃德和他的小组在 2010 年 5 月间发表了另一篇论文，展示了一项对"后选择模型"进行的实验，将一个光子送回到过去时空，结果虽然没有成功，但已将光子置于量子状态。这种状态和时空旅行中可能遭遇的一种现象很相似：随着光子逐步接近"自相矛盾"状态，实验的成功率不断下降。时空旅行和矛盾产生出现反比，最终阻止矛盾现象的出现。

这个实验是为了模拟穿越时空的路径：一条奇特的封闭时间状曲线，任

从目前的情况来看，时空旅行还只是停留在理论阶段的设想，对于普通人来说，只是一种梦想。唯一能实现的途径就是人类在自然界发现了封闭时间状曲线，或者造出时间机器。许多科学界人士也认为人类在最近的将来不可能得出这个问题的答案，这或许仅仅只是一些有趣的想法。

沟等地方。

何东西都可以通过这一通道回到过去再送回现在。根据爱因斯坦方程可以预测，一个处于封闭时间状曲线上的旅行者，他可以回到过去或者进入未来，然后回到他出发前的起点。这种现象在理论上是正确的，但是至今自然界并没有发现这种现象。有些物理学家推测，这样的封闭时间状曲线也许存在于某些时空性质奇异的地点，比如黑洞深处、海底深

Part4 第四章

没有翅膀的人类能够飞多远

我们常常幻想能够插上翅膀飞上蓝天。如今飞机帮我们实现了愿望，可我们又想飞得更高、更远，甚至遨游太空。

人类的太空梦想

人类是智慧动物，对一切未知事物进行探索是人类的天性。人类尤其渴望了解自己所在的宇宙，希望掌控宇宙的规律，使自身获得更好的生存空间。

为了实现星际旅行这个美好的愿望，人们对宇宙做了种种研究，星际旅行在将来有没有可能实现？我们到底能不能走出太阳系，到银河系外更为广袤的宇宙空间探索呢？我们不妨一探关于这方面的现实情况。

2009 年 1 月 30 日，在美国哈特福德市举行了一次大会，这次大会的主办方是美国宇航局和美国空军的导弹专家们，主题是收集星际旅行乘坐的火箭推动技术的设计方案。会后，众多科学家对这些收集的方案进行了专业、细

致的分析和计算，得出的结果令人失望：即使采用当今世界理论上最先进的火箭推进技术制成的时光机器，理论上也需要 5 万年时间才能到达距离太阳系最近的系外行星——半人马座阿尔法星；即使采用理论上最有效的反物质动力引擎的推进方式，也需要飞行几十年时间才能抵达阿尔法星；即便飞船的速度能够达到光速，到达离太阳最近的恒星——比邻星也需要约 5 年的时间；如果想在银河系转一圈，至少需要几十万年；如果飞出银河系，到最近的仙女座星系需要 230 多万年；如果在宇宙中周游一周，需要几百亿年的时间。对于生命有限的人类来说，这些天文数字，令人难以想象。按这种方法，人类在生命周期内不可能到达太阳系外的任何星球，人类想飞出太阳系的梦想可能永远都无法实现。

不能实现的梦想

　　人类能否飞出太阳系，根本上是时间长短的问题，而时间长短是由人类科学技术水平决定的。事实上，目前的科学技术还远远达不到飞出太阳系的要求。许多科学界人士认为，星际旅行是一项极其复杂的工程，这项工程的难度是人们无法想象的，以目前人类的智慧，还不能够解决这个问题。

　　当前飞出太阳系最大的难题就是火箭动力推进问题，动力问题主要是燃料问题。如果采用当前人类最先进的火箭引擎，以目前人类的科学技术，根本无法解决飞行这么远距离的火箭燃料问题。美国教授布里斯·卡塞蒂计算出，如果利用火箭发送一颗探测器到半人马座阿尔法星，理论上要耗费掉地球上已产出的

所有能量，而实际的能量消耗会比预估的可能还要高出 100 倍。这是一个可怕的数字，没有人有权利榨光地球上所有的资源，去实现自己的星际旅行。估计在今后的几十年内，人类只能开展一些比较可行的航空活动，例如，建造永久性载人空间站、廉价的天地往返运输系统、永久性月球基地、开发月球资源等。然而这些活动比起星际旅行都是"小巫见大巫"。除了技术问题，人类是不是能够忍受以光速进行时空飞行，这个问题暂时还不清楚。

美国的"旅行者1号"是目前在太空中飞得最远的探测器，现在已经逼近太阳系边界。有科学家认为，它可能已突破了太阳系的范围，正在进入外部星际空间。但是不管它飞得多远，都不能算是人类的飞行距离，因为它上面没有搭载人。人类真正的最远飞行距离，即载人航天器飞行的距离，是从地球到月球，约为38.4万千米。

知识小链接

人类的星际旅行梦想，只有在爱因斯坦相对论的速度效应情况出现时才能实现，即当飞船高速飞行时，时间就会膨胀，距离随之变短；当飞船无限接近光速时，时间近乎停止不动，空间距离几乎等于零，这样就解决了人类不能解决的时间问题。实现人类在生命周期内星际旅行的美好梦想。

使人"长生不老"的机器——时光机

童年，是每个人最快乐最留恋的岁月，在成人的世界里，如果时光能倒流，让人回到童年，相信许多人会欢呼雀跃。

英国科学家斯蒂芬·霍金给人们的这个梦想带来了希望。通过多年的研究，他相信假如能造出一台时光机器，人类坐上它就可以去到任意的时间里，回到过去或者进入未来。但是人类能够造出时光机器吗？时光机器是一台什么样的机器呢？

时光旅行的"必需品"

时光机器是一艘高速飞行的宇宙飞船。与普通宇宙飞船不同的是，这艘宇宙飞船的速度必须接近光速。但是人类现有的科技水平还造不出这样高速

的飞船，预计在未来相当长的一段时间内也制造不出来。

还有没有别的方法使人们实现时光旅行的愿望呢？霍金说还可以通过"虫洞"，也就是科幻电影里说的"时光隧道"进入另一个时空。他认为现在的宇宙中存在着"四度空间"：人们开车直线行进是在"一度空间"里，左转或着右转是进入了"二度空间"，在曲折蜿蜒的山路上上下行进，就进入了"三度空间"，而穿越时光隧道则是进入"四度空间"。"四度空间"存在于我们的四周的空间与时间的裂缝中，但是它太小了，所以人类的肉眼无法看见。我们的世界里的任何物质都不是平坦的，在显微镜下观察就会发现它们都有细小的皱纹，这是基本的物理法则。这个法则对于时间同样适用，时间也有细微的裂缝和空隙，这些裂缝比原子还小，被称作"量子泡沫"，其中就存在着"虫洞"，宇宙中可能存在着无数个这种微细的洞穴，它们可以通往宇宙的过去及未来，或者其他的宇宙。

知识小链接

虫洞，又被称爱因斯坦－罗森桥，由阿尔伯特·爱因斯坦提出该理论。简单地说，"虫洞"就是连接宇宙遥远区域间的时空细管。暗物质维持着虫洞出口的敞开。虫洞可以把平行宇宙和婴儿宇宙连接起来，并提供时间旅行的可能性。虫洞也可能是连接黑洞和白洞的时空隧道，所以也叫"灰道"。

而时光机就是要找到这样的"虫洞",从中穿越而过,在量子世界中形成、消失,使它联结起两个不同的时空。如果能够抓住"虫洞",把它放大到足够大,或者人类有能力建造一个巨大的"虫洞",宇宙飞船就可以穿越而过。

时光旅行的奥秘

为什么有了上述两个条件之一,人类就能够进行时光旅行呢?

霍金是这样解释的:如果宇宙飞船的速度接近光速,按照广义相对论,物体在接近光速运动时,其时间近乎停止,宇宙飞船舱内的时间就会变得极慢,飞行一个星期或许地面上已过了100年,等到飞船重返地面的时候,地面上已经是100年之后了,也就相当于进入了未来世界。比如人造卫星在指定的轨道上运行时,由于受地球重力影响比地面上的物体小,卫星上的时间就比地面上的时间稍微快一些。如果有一艘极速宇宙飞船,能在1秒内加速到时速9.7万千米,6年内加速到光速的98%,是人类已制造出的最快的宇宙飞船"阿波罗10号"速度的2000倍,坐在这艘船上的乘客就是在进行飞向未来的时间旅行。

■ Part4 第四章

霍金不敢公开谈论的话题——时空旅行

夜晚，仰望星空，能看见满天的星星，这些星星离我们都有成百上千万光年的距离，可是它们的亮光很快就到达了地球上。

光线是我们人类已知的传播速度最快的物体，而人类制造出来的最快速度的航天器的速度也只有光速的两千分之一。

时空旅行的梦想

大名鼎鼎的科学家斯蒂芬·霍金在为探索频道撰写新纪录片《斯蒂芬·霍金的宇宙》文档时，首次公开谈论了以前不敢公开谈论的话题：时空旅行。

探索时间奥秘

知识小链接

在爱因斯坦相对论关于时间的理论提出后，有人曾称爱因斯坦为"疯子"；而霍金在相对论的基础上发展起来的时空旅行论，更是一个近乎荒唐的想法，由于过于另类有时竟被同行视为"歪理邪说"。但是高速发展的科技带给了人们信心，也许有一天，人类就能实现这个被现在认为不可能实现的梦想。

根据爱因斯坦的相对论，运动的物体在前进时，其周围时间的流逝速度会随着速度的增加而减慢。汽车、飞机等运动物体，由于速度还不够快，这种效应并不明显，可以忽略不计。而在霍金的想象中，用来时空旅行的飞船，飞行速度可达到光速的98%，在这种速度下的时间效应会非常明显。霍金认为终有一日人们会制造出飞行速度接近光速的飞船，这种飞船上的时间流逝速度会非常慢。

时空旅行需要的时间

霍金说这种飞船每小时可以飞行1,046,073,600千米，不过如果想要达到这么高的速度，飞船就必须建造得非常大，大到有足够的空间可以装下加速到近光速所需的燃料；飞船飞行开始的两年之内，其最大速度只能达到光速的一半左右，两年之内飞船已飞出了太阳系；接下来的两年，飞船的速度可以达到光速的90%；后来的两年内，飞船的飞行速度可以达到光速的98%，接近光速。在这种速度下，飞船上的一天时间就相当于地球上的一年。按照这样的速度飞行，对照银河系的距离来计算，飞船上的人只需要 80 年就可以飞到银河系的边缘。

　　虽然按照霍金的理论，坐上时光机器，人们既可以进入未来，也可以倒回过去。但是，霍金只支持人们跨越未来时间，而不要逆时间旅行。他说回到过去的想法是一种疯狂的想法，会造成许多矛盾现象，不符合基本的自然和科学准则。

Part4 第四章

坐上"旅游船"环游时空

> 在我们每个人的意识当中，世界上唯一绝对公平的就是时间，它毫无偏私地公平对待每一个人，不管你是谁，不管你在哪里。

伟大的科学家，爱因斯坦认为时间并不是公平的，它的公平只是相对的。

"偏心"的时间

1905 年，爱因斯坦提出的狭义相对论认为，时间是可以随着观察者移动速度的快慢，而延长和缩短的，观察者移动速度越快，时间会变得越慢。他举例说，有甲乙两个人同在一个机场，甲登上飞机飞到某地然后马上再飞回

在普通概念上，时间和宇宙都具有唯一性，即如果我们生存的宇宙之外还有一个宇宙，人们也会把它们合称为一个宇宙。但是在纯逻辑推理下，也可以有另一个或者多个宇宙，每个宇宙都在独立地按自己的规律发展着，时间旅行就是从我们现在的宇宙进入另一个宇宙，但是可能会有许多不同的现象。

来，而乙则一直留在机场等候。整个过程的时间对于甲和乙并不相同，甲实际上所花的时间比较少。

对于这个例子，1971年，物理学家乔·哈菲尔和理查·基廷做了个实验，他们将高精确度的原子钟放在飞机上绕着世界飞行，并记录下所花的时间，和留在地面上实验室里的完全一样的时钟做了对比，结果发现飞机上的时钟走得比实验室里的时钟慢。这个实验证明了上述推论的正确性，这种因为运动而造成的时间变慢现象被叫作时间膨胀效应。

不可能找回的童年

这种时间旅行的幻想最早是出现在科幻作品中：人类登上一台时间机器，利用控制系统确定任何一个过去或者未来的日期，时间机器就可以在瞬间将他带到那个时空。这个幻想虽然令人类激动，但是会产生明显的悖论：一个人可以杀死在他自己出生之前的父亲，从而阻止了他自己的出生，导致矛盾出现。但是有些科学家对此辩解说，大自然总是能够战胜时间旅行者们，使他们无法完成会造成矛盾的任何行为。作品里展示的这种戏剧性的旅行方式相对论并不支持，爱因斯坦的狭义相对论指出：光速无法超越，时间不能倒流。时间旅行只能让你前往未来，却不能让你回到过去。回到过去产生矛盾的地方还有很多，如果你真的乘坐时间机器回到了过去，看到了童年时的自己，而童年的你也看到了成人的你，这就表示，你在童年时就看到过成年的你，否则就产生了矛盾，你也就不是真正地回到了过去。假如时间机器存在，人们就会倒回去改变历史，那么今天的你也就不是今天的样子或者你并不存在，这就是"时光倒流"的悖论。所以，爱因斯坦和霍金都不支持通过时光机器"回到过去"。

Part4 第四章

通向另外时空的通道——时空隧道

我们平时去某个地方，都喜欢走近路，可以节省时间和体力，特别是当时间来不及时，近路就尤为重要。

寻找时空旅行的近路

真正来不及的是我们人类到外太空去旅行，我们生活的太阳系的直径就达到一光年，即使乘坐光速飞行器也需要走一年的时间。离我们最近的"邻居"恒星叫比邻星，它离我们也有 4 光年的距离；美丽的织女星离我们 26 光年，而牛郎星离我们则有 16 光年，"牛郎"和"织女"之间相距 16 光年。这些天文数字，凭我们人类几十年的寿命，想要到达外太空简直就是天方夜谭，更不要说外宇宙了。

　　既然人类暂时制造不出接近光速的飞行器，可不可以找到一条"近路"，缩短人类到目的地之间的距离，使人们能快速地到达想去的星座或者别的宇宙呢？

　　我们生存的这个宇宙之外，还有其他的宇宙存在吗？如果有，不同的宇宙之间是否都有一条"近路"相通？人们希望能寻找到这样一条类似"管道"的"近路"，从这个"管道"中可以很快地到达目的地。人类甚至幻想，能从这条"管道"回到过去或者到达未来，科学界把这条"管道"叫作"时空隧道"。

匪夷所思的近路

　　这个幻想最初提出来时被人们嘲笑为"歪理邪说"，直到20世纪70年代，天文学家在宇宙的核心区域发现了星系黑洞，时间旅行才重新被人们关注，科学界对它的探讨开始多了起来。

　　从物理学角度来看，要想实现星际旅行，首先要缩短星际间的距离，在目前的技术条件下，缩短距离的最好办法就是扭曲空间。比如，北京和华盛

知识小链接

"虫洞"是霍金构想的宇宙间存在着的一种极细微的洞穴。在宇宙大爆炸以前，宇宙中存在着许多的"虫洞"，这些"虫洞"把很多的宇宙连接着，使宇宙间互相联通。而同一个宇宙中也有可能存在着无数个"虫洞"，它们既可以通往同一个宇宙的过去及未来，也可以通往其他的宇宙空间。

顿两个地方相隔很远，在短时间内到达不了。但是如果大地像一张纸，能够折叠，那么只要将大地的两端折叠起来，把华盛顿和北京叠在一起，两地的距离就被拉近了。如果星际间的时空被扭曲了，人类就可以像蚂蚁从折叠着的纸的一面爬到另一面那样，很容易地跨越过遥远的时空距离。但是，怎样才能将时空扭曲呢？

根据相对论，在超大密度的区域，时空是扭曲的。这种超大密度的区域，就是黑洞。黑洞能把时空扭曲成漏斗状，并且把两个完全不同的时空结构用"漏斗"的底部连接起来，这种现象就是现在所说的"虫洞"。

从历史驶向未来的小船——时间舱

> 文明是一个渐进的过程，人类文明今天所取得的成就，无一不是在古代文明的基础上发展而来，是古今全体人类智慧的结晶。

伟大的科学家牛顿曾说："我之所以取得这么大的成就，是因为我站在巨人的肩上。"这充分说明了学习古人知识成果的重要性。考古学家们挖掘、研究古代文明遗迹，使古人的智慧成果能够对今天人类文明的发展有所帮助和启发。但是，时光流逝，沧海桑田，许多人类文明成果被毁灭或掩埋在地下不为人知，无法被后人发扬光大。

■ 被装进罐子的纪念品

有什么办法能让人类的文明完整地保存下去，供后人研究和利用，以促进人类文明更好更快地发展呢？

在古代的埃及和巴比伦有一种古老的习俗：当有重大活动或建筑物奠基前，常会在一些石碑下埋藏一些物品，如谷物、钱币等，寓意向未来传送某种信息。

那里的一些雕塑物和寺庙石碑底座上就刻有记录埋藏情况
的文字。后来埋存物品的概念被慢慢扩大，一些代表人类知识和成就
的有价值的纪念品也会被埋入地下，留待千百年后开启。

在 1876 年的美国建国百年庆典上，最引人注目的活动的热点就是埋藏纪
念品。照片、名人手迹、出席庆典的参观者全体在一本羊皮书上的签名册等
物品，被装在一个 1.524 米的世纪保险箱内。这个保险箱被封起来，埋藏在
国会大厦的台阶下。到了美国建国 200 年大庆时，这个保险箱被准时打开，
人们得以看到一百年前的历史真迹。

把现代文明装进"小船"

G. 爱德华·彭德雷是维斯廷豪斯电器与制造公司公关经理，他对于这种
"文明的窖藏"非常感兴趣，他想埋藏一些有价值的东西留给后人。由于以
前其他的埋藏容器都是单一的罐状，而当时正是纽约世界博览会召开的前夕，
流行一股流线型风潮。他花了 3 个月时间制作了一个 2.286 米长的鱼雷形容
器，彭德雷为这个容器取名为"时间舱"。从那以后，"时间舱"这个名字
就流传了下来。

彭德雷在时间舱里装进了许多东西，其中包括一些特殊的"给未来人

的信"，它们出自物理学家爱因斯坦、密立根，诺贝尔文学奖得主托马斯·曼、索恩维尔·雅各布斯以及麻省理工学院院长康普顿等著名人物之手；一部反映世博会现场的纪录片，75种纺织物，长达2.2万页的缩微胶片散义，35种常用物品及其他东西的样本。1938年9月23日正午——正当秋分，彭德雷把时间舱埋到地下15.24米处，开启时间预定为6939年。

知识小链接

"时间舱"对于保存人类文明具有非常重要的意义。它能够真实地再现历史，回答未来的询问，人类利用这种独特的方式保存历史，和未来进行对话。"时间舱"里保存的文字资料往往是最珍贵的，能给后人提供非常有价值的启示和帮助，也大大节省了后人研究历史所需的人力和物力。

1964年，维斯廷豪斯公司又制作了一个时间舱，尺寸和形状和上次完全一样，储藏了信用卡、唱片、飞船防护罩等人类最新发明物，埋在上一个时间舱的附近，开启时间同样是6939年。

以前，已经埋藏的时间舱都是关于特定的个人或机构的一些材料，不能为后人提供全面的现代文明资料。亚特兰大奥格尔索普大学校长索恩维尔·雅各布斯，对于人类几千年甚至几百年前的历史，因为没有被完整保存下来而模糊不清深感痛苦，受埃及古墓、庞贝古城等很好地保存了历史的实例启发，他想用一个大容器，把能代表人类现代文明的物品都装进去，保存整个人类文明的记录，为未来的考古学家提供方便。他把这称之为"文明窖藏"。他把奥格尔索普大学行政楼底层的一个房间当成储藏间，历经 3 年的时间，收集整理了几百个系列的物品，其中包括电动剃须刀、铝、啤酒、林肯木屋玩具、唱片、富兰克林和罗斯福的 11 篇演讲稿、64 万余张储存着 6000 年人类历史的缩微胶片等。1940 年 5 月 25 日，"文明窖藏"举行了封存仪式，雅各布斯确定的启封时间为 8117 年。

现代人类文明的"小船"驶向整个宇宙

世界其他国家也有各式的"时间舱"，1967 年蒙特利尔博览会上埋下了期限为 100 年的时间舱；1970 年大阪博览会上埋藏了两个时间舱，每个时间

舱各重 2 吨，里面装着同样物品，其中一个每一百年打开检查一次，另一个则在 5000 年后开启。

"时间舱"可以说是美国近代特有的文化现象，现代美国，这种"文明窖藏"的狂热正不断地向新的领域进军，因特网的出现和发展，衍生出一些关于计算机技术的"时间舱"；美国航空航天局在对太空发射的星际探测器里，装入了留声机唱片、金属片等物品，向遥远的外星文明展示地球人类文明。此外，还有一个由日本人牵头的国际研究小组，他们计划在南极大陆下面和月球上都埋藏下时间舱。

但是，时光在不断地流逝，有的时间舱因自然环境变化被损毁，有的没有留下具体的埋藏地点信息。为了避免这些情况发生，国际时间舱协会要求埋藏时间舱的个人或组织，要将埋藏地点和物品内容的一些信息进行详细登记。

第五章
时间与生活

　　时间催促着我们作息，安排着我们的工作，计算着我们播种与收获，生活已经离不开时间。我国古人的二十四节气，一直到今天还在为农业生产、天文科学服务；动物有它们固有的"作息时间表"，看似感知能力较弱的植物也有特有的"花钟"；奇特的极昼和白夜现象，使"天"并非只有"白黑交错"一件"外衣"；时区的划分、授时系统、日界线……时间与生活早已成为人类世界中，密不可分的"战略伙伴"。

Part5 第五章

"对话"自然语言——二十四节气

提起中国古代的文明成果，大家可能都会首先想到四大发明。其实，除四大发明外，我国古代还取得了许多重要的文明成就。

在中国古代先民的众多智慧结晶中，有一门特殊的"语言"，对推进世界文明发展做出了突出的贡献，其光芒甚至不逊于举世闻名的"四大发明"。它，就是古人用来与自然"对话"的工具——二十四节气。

一部特殊的"太阳历"

古时候世界上所有使用历法的国家中，我国是较早的一个。我国古人在与自然的相处中，经过长期观察，总结出了一套科学的认知规律，用来反映自然现象和规律。这套忠实地"记录"了太阳和地球关系的天文气象历法，就是二十四节气。

二十四节气以地球围绕太阳进行公转运动的周期为依据，基本上高度概括了一年中太阳在黄道上的不同位置，季节交替的具

体时间，雨雪等自然现象的发生规律，一些自然物候的出现时刻等。这套缜密的"太阳历"被应用到农历中，在长期的使用过程中，为人们提供了不可或缺的指导，构成了古老的阴阳合历——农历的有机部分。

提到"节气"这个概念，人们常常会将它看作是节令和气候的"合体"。事实上，这种观点并不完全正确。严格意义上说，节气是将一年划分为二十四等份，古人以每个月的月中为两个节气间的"分界线"，这条线的前半部分被称为"节"，后半部分名为"中"，又名"中气"。由于使用方便的需要，人们将这些繁复的称呼简化为"节气"。

黄河流域是我国文明的重要发源地，古代的许多伟大的文明成果都是在这里诞生的，二十四节气也不例外。在遥远的春秋时代，古人就发明了原始的测量日影的简单仪器——土圭，并通过这种途径测定了仲春、仲夏、仲秋、仲冬四个节气；据后来的《吕氏春秋》记载，节气已经达到八个之多；最早的完整的二十四节气记录，出现在西汉时期；二十四节气被正式收入历法，是在公元前104年，邓平等制定了《太初历》，在天文位置上对二十四节气加以了明确规定。

二十四节气都有"谁"

知识小链接

向大家介绍一首关于二十四节气的民谣：二十四节有先后，下列口诀记心间：一月小寒接大寒，二月立春雨水连，惊蛰春分在三月，清明谷雨四月天，五月立夏和小满，六月芒种夏至连，七月大暑和小暑，立秋处暑八月间，九月白露接秋分，寒露霜降十月全，立冬小雪十一月，大雪冬至迎新年。抓紧季节忙生产，种收及时保丰年。

数千年来，我国人民对二十四节气的"信赖度"都非常高，二十四节气如同最亲密的伙伴，指引着人民的生产和生活，那么，二十四节气都有谁呢？

我们知道，太阳在黄经上的运行轨道是从 0 度"起跑"，每"跑"15 度需要的时间，就是一个节气，一年"跑"360 度，共 24 个节气。这些节气所反映的内容各有不同，最基本的也就是所谓的"骨干"节气，是立春、立夏、立秋、立冬、冬至、夏至、春分、秋分，俗语所说的"春种、夏长、秋收、冬藏"，指的就是这八个反映季节变化的节气。而小暑、大暑、处暑、小寒、大寒五个节气反映的是冷暖程度；雨水、谷雨、小雪、大雪、白露、寒露、霜降七个节气，则反映了降水这一天气现象；此外，惊蛰、芒种、小满、清明等节气，则直接反映了物候的变化。

随着世界文化融合程度的加深，我国的历法传播到了世界各地，为世界上许多地方的人民带去了二十四节气这一宝贵的智慧财富，成为天文气象和农业发展的好帮手。

Part5 第五章

和人类捉了两千年"迷藏"的经度

现在，经纬度并不是一种陌生的地理专用词，但在遥远的过去，为了找到经度起算点，人类和它捉了近两千年的"迷藏"。

学习过相关地理学知识的朋友都知道，地球上任何一个地方的位置都可以用经纬度来表示，经度指示东西，纬度代表南北。在同一时刻，地球上纬度相同但经度不同的地方，时间存在一定的差异。同样的道理，只要获取了一个地方的地方时信息，结合世界标准时间，就不难知道当地所处的经度。这些知识看起来清晰而简单，但人类为了获得它们，经历了一个漫长而艰难的探索过程。

最初的"较量"

从本质上说，人们测定经度的探索，是为了满足自身掌握时间的需求。这一尝试可以追溯到公元前 2 世纪，创造了无数文明奇迹的古希腊人发现，可以通过计算同一事件发生在两个不同地方的地方时间差，来测算这两个地方间经度的差值。但如何测量这个"时间差"，成为令古希腊人头痛的问题。

当时著名的天文学家喜帕恰斯想出了一个好办法：观测月食。他认为，既然月食在世界各地发生的时间是严格一致的,那么,就可以以月食发生的那一瞬间为"标准时间",将它与月食在两地开始的地方时时刻进行对照,来算出两地的经度差。

然而,喜帕恰斯并没有告诉大家该怎样测定不同地方的地方时。在当时的技术水平下,人们只能通过观察太阳的影子来计时,而月食又只会发生在太阳已经"下班"了的夜里,且这种现象在一年内至多出现两三次。这样一来,喜帕恰斯的提议就只能是"纸上谈兵",但令人叹服的是,为了充分利用月食现象,他甚至撰写了一份"六百年月食一览表"。

初获"胜果"

虽然喜帕恰斯与经度第一回合的较量以失败告终,但在接下来的博弈中,古希腊天文学家托勒密初次取得了胜利的果实。

在托勒密的一生中,有最重要的两部巨著,一部是详细论述了"地球中心说"的《天文学大成》,另外一部就是地图集和地名词典——《地理学指南》。在这部伟大的著作中,托勒密不仅写出了数千个地方的具体地理位置,还第一次明确提出了经纬度的概念。他指出,可以用间距相等的坐标网格,以"度"为计算单位来确定地理位置,并将纬度的起算点确定为赤道,将经度的起算点确定为当时的世界最西点——幸运岛。

托勒密的理论十分接近现在的经纬度概念，在他以后的千年时间里，人类在确定经度的领域并未取得实质性进展。

新一轮"战役"

进入 13 世纪后，欧洲的航海业发展迅速，人们的航海活动开始向更远的地域扩展。当时依靠罗盘、铅垂线、船速来确定地理位置的方法，显然已经不能满足航海家们的需要，因此，他们向天文学发出了"求助信号"。当时的航海历已经能较为精确地指示太阳、月亮、行星的方位和月

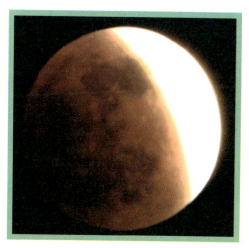

食、日食的发生时间，新大陆的发现者——航海家哥伦布就曾利用月食测出了所需的经度。此外，月掩火星这一天象也是人们测定经度的工具之一。

这些天文学方法虽然有其优势，但月食、月掩火星等天象出现的频率并不高，无法迎合航海事业的需求。在航海家们的"呼唤"中，测定纬度在理论和实践上均获得了重大进展。

首先是测定经度的理论在 16 世纪找到了突破口。1514 年，约翰·沃纳在翻译《地理学指南》的注释中，给出了测定经度的全新理论——"月距法"，即利用月亮以背景恒星为参照物，每小时向东移动半度的规律，通过仪器"十字杆"来测算经度。

1530 年，格玛·弗里西斯发表的著作《天文原理》提出了另一种测定经度的方法——"时计法"，这种取得了"制胜性突破"的方法所用的"武器"仅仅是一只钟。如果航海家们带着一只走动准确的钟出发，到达需要测算经度的地方后，只需记下这只钟显示的时间，再与当地的地方时对比，就能得出出发地和当地的经度差。

"时计法"事实上指出了测算经度的两大关键所在：借以计量起算点时

探索时间奥秘

知识小链接

著名的意大利天文学家伽利略曾应征过西班牙经度奖，他通过自制的望远镜观测木星时发现，对于世界上的所有地方来说，木星的卫星食现象都严格地发生在同一时刻，且卫星食每晚都会发生一两次。因此，可以利用这一天文现象作为测算经度的突破点。可惜的是，伽利略的观点并未引起西班牙人的注意，这一重任只能交给他下一代的人。

间的精准的钟，及可以准确计量地方时的天文学方法。但在科学技术的限制下，"时计法"也难以付诸实践。为了确定经度，一些国家开始面向世界悬赏，希望科学界的"勇士"能"攻下"这座壁垒。

在西班牙，1567 年和 1598 年，国王菲利普二世和三世分别拿出了大笔赏金，但揭下这块"皇榜"的人始终寥寥无几。几乎同一时期，荷兰、葡萄牙、威尼斯等国家也拿出了大笔奖金，悬赏"捉出"经度，可惜收效甚微。

进入 17 世纪后，随着高精度计时仪器的诞生及各国天文台的纷纷建立，天体位置表的精度得到了显著提升。而船用六分仪的问世，使困扰航海家数百年的经度确定问题得到了解决。至此，人类才在与经度的"战役"中，取得了完全的胜利。

Part5 第五章

"完美主义"的尺度——时间基准

时间对于"地球村"这个庞大的生活体系来说，至关重要。尤其在军事、科研、航天等领域，精确的时间不可或缺。

在现代生活中，人们常常需要用到一个时间上的概念——时间基准。也许有人要问，什么是时间基准？我们知道，标有毫米、厘米、米等刻度的尺子，是衡量长度的工具，时间基准的作用与尺子类似，它是衡量时间最精确的尺度，不同的是，我们看不到它的形状。

时间尺度"成长的脚印"

在人类文明发展史上的不同时期，由于种种原因，人类用来作为时间尺度的事物不同，换言之，就是人类对时间基准的定义不同。

在各种科学发明尚未诞生的远古社会，人们过着"日出而作，日落而息"的生活，太阳在天空中从东到西的运动就是他们的时间尺度；随着文明萌芽的成长，通过测量太阳影长来计量时间的日晷问世了，但由于技术的不成熟，日晷测得的时间误差较大；在一千多年前，我国和希腊的匠师们发明了水钟，将时间的误差缩小到每天 10 分钟；大概 400 年后，人们将一昼夜细分为 24 小时，还发明了更为精确的机械钟；17 世纪，单摆和机械钟的"强强联合"，使时间计量的精度"跃进"了百倍；20 世纪 30 年代，石英钟问世，先进的石英晶体振荡器大幅度地提高了计时精度，300 年里，时间的误差仅为一秒。

现在为我们所熟知的时间尺度——地球的自转和世界时，是从 17 世纪开始沿用的。科学家们规定，居住在"地球村"中任何一个角落的居民，看到太阳相继两次在天空中相同位置出现的时间间隔，为一平均太阳日。到了 1820 年，法国科学家又在平均太阳日的基础上提出了平太阳秒的概念，即所谓世界时秒长。

由于地球的自转长期处于变化中，世界时的精度逐渐不能满足社会及科学技术的发展需要，特别是空间物理、航天等特殊行业，对时间尺度精度的要求简直到了"苛刻"的地步。

时间科学进入全新发展阶段的"分水岭"，是 1953 年。美国哥伦比亚大学的科学家发明了世界上第一座原子钟，这意味着科学学科的大家庭里又添

了新成员——量子电子学。在1963年的第十三届国际计量大会上，大型的铯原子钟以其出色的时间精度，被"任命"为新的时间基准。

"别样"的时间基准

虽然实验室型大铯钟的"工作能力"十分突出，极少出现差错，但并非世界上所有的国家都有这样的高级时间标准。那么，那些没有大铯钟实验室的国家拿什么作为时间尺度呢？这时候小型的商品型铯钟就发挥了它的作用，许多国家都借助多台小铯钟构筑的平台，来求得平均时间尺度。"投入"这项事业的小铯钟越多，得出的时间尺度就越具稳定性，国防、航天、科研等事业对时间尺度的高要求也可以得到满足。

当然，事物的更新换代是不可逆转的自然规律，大铯钟"时间基准"的地位也受到了其他新生力量的"威胁"。以精确度已经更上一个量级的原子喷泉钟来说，就是大铯钟最强有力的对手之一。而法国巴黎时频实验室的光频标也有望与喷泉钟一起，进入新一轮的时间基准"角逐"，成为时间基准的"新王者"。

Part5 第五章

"跟着"时间睡

睡眠是人类最重要的生理活动之一，如何科学睡眠，是近年来人们普遍关注的一个健康问题。关于睡眠的知识，你知道多少？

也许你要说，每天睡八个小时，是最科学的睡眠方式。实际上，这并不是一条"国际惯例"，关于睡眠和时间的关系，还有许许多多"不得不说的事"。

不同情况，相同睡眠吗

研究发现，在正常情况下，人每天需要的睡眠时间介于 5 到 10 小时之间，成年人的平均睡眠时间为 7.5 小时。在一百个人中，睡眠时间仅为 5 小时的只有 1 到 2 个人，需要睡 10 小时的人只占少数。

在生活中的大部分时间里，大多数人的睡眠质量与自身的实际需要都是无法成正比的，尤其是那些可以自由掌控睡眠时长的人，需要更多的时间才能进入梦乡。专家们在研究中发现，如果一个人在白天需要保持一定的警觉感，那他在夜里就要保证足够的睡眠，用来"支撑"这种警觉感。对于那些休息时间常常不够充足的人来说，"睡眠债"

一旦欠下，就会随着时间的推移滚雪球般地积攒下去。但是，人们通常不能感觉到自己欠了睡眠的债，因为生物钟在对人体进行调节，外部环境也刺激着人的生理功能。这样一来，无法得到偿还的"睡眠债"就会慢慢侵蚀着人们的意志，甚至使人不分时机地陷入睡眠状态，因而容易受到危险的侵袭。

如果你需要确切地了解自己的睡眠需要，不妨在一到两周的时间内，做一个简单的"睡眠记录"：记下你的睡眠时长，及一天内不同时段里对睡眠的感觉，再通过对这些记录数据的分析，来确定你是不是欠了睡眠的"债务"。

那么，不同动物，是不是需要的睡眠时间都相同呢？研究结果表明，马、牛等动物一昼夜只需要两三小时的睡眠，蝙蝠却是典型的"睡神"，它的睡眠时间长达 20 小时。人在不同年龄段，需要的睡眠时间也有差异：婴儿几乎可以睡上整天，到三四岁时，这个时间减少到 10 小时，15 到 60 岁间的人，睡眠时间平均为 8 小时，到了 60 岁以后，每天只要睡 6 小时就够了。

睡得越多，身体越好吗

在远古时期，人们的照明对太阳的依赖较深，"日落而息"使他们的睡眠时间相对较长。但随着电灯、电影、电视等的问世，人们的"夜生活"越来越丰富，更多人不愿意将时间"浪费"在睡眠上，这就导致了睡眠时间逐渐缩短，对人体的健康产生了许多不良影响。

现代人普遍认为，每天的睡眠时间必须保证为8小时，才是最科学的"睡法"。但国际专家指出，8小时睡眠并非适用于所有人，人们应该根据自身的需要安排睡眠时间，营养条件、生活习惯等都对睡眠产生着"潜移默化"的影响。

在不久前，美国和德国公布的一项研究结果中，我们发现，每天睡10小时的人比只睡7小时的人，罹患心脏病、中风等疾病的概率更高，寿命也更短。这是因为人处在睡眠状态时，血液流速减慢，容易因血液凝结致病。由此可见，跟床铺关系太"亲密"未必是一件好事。

知识小链接

一项调查结果表明，从1960年到1975年，15年时间内，日本国民的平均睡眠时长减短了21分钟，女性比男性睡眠时间短半小时到一小时。而一些伟人的睡眠习惯更是有趣：俄国的彼得一世只需睡5小时，爱迪生睡两三小时就会"生龙活虎"，拿破仑随便打个盹就又精力充沛，爱因斯坦如果睡不够10小时，就不可能有心情研究相对论。

Part5 第五章

时间世界的"总部"——授时系统

我们有了新的钟表、手机等各种计时工具，并不等于我们就"有了"时间，想知道现在是几点了，还必须要校正时间。

到哪里校正时间

要校正时间，可以通过别的钟表、电脑，最准确的是收听广播，每当整点时，收音机便会播出"嘟、嘟……"的响声，报告现在是几点整，人们就可以按照报告来调整自己钟表的快慢。那么，广播电台是怎么知道正确时间的呢？

广播电台的时间来自天文台上精密的钟，而天文台的钟又是怎样知道这些精确的时间呢？

指针不动的时钟

地球每天自转一次，天上的星星随之每天东升西落一次，从地球上看，是天空在转动。天空就像一个大的时钟，天空中挂着的各个星星就如钟面上的数字，代表着钟点。这些星星的位置已经被天文学家精确地测定过，代表着固定的钟点数。天文学家用望远镜观测这些星星，望远镜就好比是钟面上的指针，三者形成了一个钟，只是这个钟和我们日常用的钟不同。我们用的钟，都是钟面不动只有指针在转，而这个奇怪的钟则是"指针"不动，"钟面"在转动。当哪一颗星星对准望远镜时，天文学家就知道几点了，按照这个钟点去校正天文台的钟。然后把时间传送出去，通过电台广播对外报时，我们就以此为标准校对自己的钟表，或掌握时间。

最准确的报时钟

这种用天文方法测时的方法叫世界时，它所依赖的是地球自转，但是地球的自转是不均匀的，这就使得所得到的时间精度相对较低，远远不能满足现代社会经济各方面的需求，到20世纪中期，人们研制出了一种更为精确和稳定的计时器，这就是"原子钟"。

原子钟被定为世界的"时间基准"，目前世界各国都采用它来产生和保持标准时间。原子钟通过短波、长波、电话网、互联网、卫星等各种手段和媒介把时间信号送达用户，这一整套工序，就称为"授时系统"。

> **知识小链接**
>
> 人们原始的时间都是来源于对于大自然的观察，其中星星的位置是最重要的时间指示器。直到机械钟表被发明，人类在时间上才慢慢摆脱对自然的依赖。原子钟以高精准、高稳定性成为今天的标准计时器，被广泛应用于现代国防和航天航空事业，为现代科技的飞速发展插上翅膀。

Part5 第五章

动植物体内的"钟表"

在世界上形形色色的生物中，使用时间并不是人类的"专利"，许多动物，甚至植物都有着自己独特的时间观念。

奇异的"花钟"

花儿的开放，总能给人带来不同的美感享受；花儿的凋谢，也难免带给人一些感慨。鲜花，是大自然给世人最美的馈赠。人们大多看到花儿的盛放和凋零，却很少有人知道在鲜花的世界里，有着一座奇异的钟——"花钟"，所有的鲜花都听从它的安排，有条不紊地开放、凋谢。

如果你静下心来，走进鲜花的王国，你会发现每种花儿都有它独有的"时间表"：麻草的开放时间为凌晨 3 时，凋谢时间为上午八九点钟；牵牛花紧跟着麻草，在 4 时张开喇叭，到中午时就会收起；野蔷薇在 5 时张开笑靥，蒲公英在 6 时打开花瓣……在一天中，从早到晚，每个时间段都被不同的花儿点缀。

世界上的不同地方，都有自己特有的花钟，人们还利用花草的"作息时

间"，制作了不同的花钟，并把它用于花园花卉的安排上。历史悠久的计时花园就是花钟应用的成功代表。最古老的计时花园出自我国古代人民之手，古人在一个花园里，种植能指示一天中不同时间的花卉。此外，瑞典植物学家也曾根据不同花卉的特性设计了花钟。而罗马帝国和查理曼大帝时代的计时花园，就显得有些"名不副实"了：将各种计时工具安放在花园内，并非以花卉的开放来指示时间。

动物的"作息时间表"

和植物一样，动物也有它们不同的"作息时间表"。百鸟争鸣一般是在天快要亮的时候，而鸟儿归巢，则在太阳落山时；这时候，老鼠和猫头鹰等白天休息的动物就开始出来活动；天性慵懒的猫咪，白天总是呼呼大睡，夜里才会睁大碧绿的眼睛，四处"盯"老鼠的"梢"；小昆虫似乎知道花儿们的"底细"，它们每天都会"迎花起舞"，在花儿开放的时候前去"叩门问访"……

在美国加利福尼亚州，一位农场主"雇请"了一百匹毛驴作为"职员"，来承担农场的所有工作。这些职员十分"有性格"，一到中午 12 点，它们就会停下手头的工作，自顾去休息，不听任何人的指挥；但是下午 6 点的钟敲响时，不用人催，它们也会自动重新开始"上班"。

在拥有时间表的动物中，琴师蟹可以算是最奇妙的一种。它们之所以得到这个美名，是因为这种小螃蟹的雄蟹长着一只巨大的螯，看起来如拉着琴的琴师。白天，琴师蟹的"肤色"变深，它们会隐藏到暗处，到了夜晚，它们出来游逛，衣服的颜色也重新变浅。最奇特的是，琴师蟹体色最深的时间，会随海潮涨落的时间推迟50分钟。

更有意思的是，有些动物还会进行日程安排。比如大家常见的燕子，每到冬天，它们就会向南飞行，经过"长途跋涉"到达马来群岛、印度、澳大利亚等地过冬；等到春暖花开时，它们再飞回来，而且，它们似乎十分享受"旅行的快乐"，每个月份都会从南往北去不同的城市"度假"。在北冰洋中，生活着一群热爱"旅游"的灰鲸，冬天刚开始，它们就会"拖家带口"地穿越白令海峡，经过一万千米的行程，向墨西哥下加利福尼亚半岛沿海迈进。而且，它们非常准时，每年都会在固定的时间去墨西哥"赴约"。美国太平洋沿岸会在每年5月中旬迎来一年中最壮观的海潮，这时候，银鱼们就会"成群结队"地冲上海岸，完成繁殖任务之后，再随海浪回归海洋。

Part5 第五章

东西方的分界线——日界线

当我们到西方国家去旅行时，手表总是会比当地时间快，越往西方去，时间就会快得越多，这是什么原因造成的呢？

产生时间的差异是地球自转运动引起的时间推迟引起的。16 世纪时，麦哲伦带领着船队从西班牙起程向西环球航行，并将每天的所见所闻都记录在航海日志上。航行进行了 3 年，船队回到了始发港口。在检查航海日志时，发现记载的日期比始发港的日期少了 1 天。由于这次航海旅行的意义重大，日志记载的内容十分重要，所以人们对这件事非常重视。后来才查明，由于全球每个地方都把当地看到太阳升起作为确定一天开始的标准，而地球是自西向东自转的，所以东边的地方就比西边的地方会早看到太阳，也就是说，东边比西边的"一天"开始得要早，时间也就比西边要早，时间的不同自然导致日期也会不同了。在这种情况下，如果自东向西航行地球一周，日期就会少一天；如果自西向东航行地球一周，日期就会多出一天；每环绕地球一周，日期就

会差一天。

要想避免这种混乱情况的发生，就必须在向东环球航行时，把日期向后退1日；在向西环球航行时，把日期向前推一日。但是在航行到地球上什

么位置调整日期，就必须有一个标准地点。为此，人们设立了一条全世界共同对照使用的日期变更线，叫日界线，也叫国际日期变更线。

日界线放在任何一条经线上都可以起到解决日期混乱的问题，但是如果穿越陆地，在陆地变更日期既不方便也不好操作，还会给在同一个地方生活的人带来不便，所以，科学家在确定日界线时，会尽量避免从陆地穿过。这样看来，180度经线因为纵贯太平洋，少有通过陆地而成为日界线所在位置的最佳选择。当然日界线并不是一条全在180度经线上的一条直线，为了使经过的陆地保持整个国家时间和日期的统一，它有3处偏离了180度经线：在经过俄罗斯西伯利亚的东端处向东偏离，使西伯利亚整个采用俄罗斯的日期；在美国阿留申群岛西面处向西偏离，使阿留申群岛能够采用美国阿拉斯加的日期；在南纬5度到51度30分之间向东边偏离，使斐济群岛和汤加群岛等地全部属于东12区，能够按习惯采用新西兰的日期。所以，实际在使用的日界线是一条基本上只经过海洋地区的折线。

知识小链接

西经180度和东经180度是同一条经线，它是由地球另一面的零度经线向东西划分而来的。零度经线的位置在穿过英国伦敦郊区的格林尼治天文台，那里的"格林尼治时间"时间是国际上规定的"世界时"，世界各地的时间都以它为标准。"格林尼治时间"也是标准的日期变更线。

Part5 第五章

画在地球"身上"的时间表——时区

当我们的早上6点钟太阳升起时，欧洲还处于漆黑的夜晚，地球那面的美国人正准备睡觉，他们的早上6点还远远没有到来。

"混乱"的各国时间

古代，人们都是通过观察太阳在天空的位置来定时的，但是因为地球的自转是自西向东的，所以住在东边的人比西边的人先看到太阳。习惯上我们把太阳升起的时间定为早上6点，这样，东边的6点就比西边的6点到得早；而世界上各个国家分别处在地球上不同的位置，因此每个国家的日出和日落的时间都有不同，也就产生了时间的差异，就成为每个国家内的地方时。

长期以来，各个地方时之间没有统一换算方法，给人们的交通出行和通信带来许多的不便。最后，人们想到了用划分时区的办法来解决时差问题，以统一世界时间。

划出标准时间线

1884年，国际经度会议在华盛顿召开，会议规定将全球划分为东、西各12个时区，共24个时区。起点在英国的格林尼治天文台旧

时区的划分，"理顺"了世界各地混乱的时间，从此，各国都以这种划分方法为时间基础。那么，处在不同两个时区内的两地间的时间差，是如何计算的呢？方法是：以零时区居中，都处在一个方向时区内，即东时区或者西时区的，两地的时间相减；处在相反方时区内的，两地时间相加。

址，其所在的那条经线定为零时和 24 时重合的经线，也叫本初子午线；零时经线向东、西各横跨 7.5 度的纬度，组成零时区或者中时区。

从零时区开始，依次划分出东 1 到 12 区和西 1 到 12 区；每个时区都横跨 15 度的经度，时间为 1 小时；零时区正对应的地球那一面的第 12 时区是以东、西经 180 度为界，向东、西各跨经度 7.5 度组成的。

这样就对应了一天的 24 小时，全球地区都被覆盖在 24 小时时区内。

每个时区内统一采用中央经线上的时间，叫作区时，相邻着的两个时区内的时间相差 1 小时。比如，日本所在的时区为东 9 区，中国所在的时区为东 8 区，泰国所在的时区为东 7 区，中国的时间总比泰国的时间早 1 小时，而比日本的时间迟 1 小时。

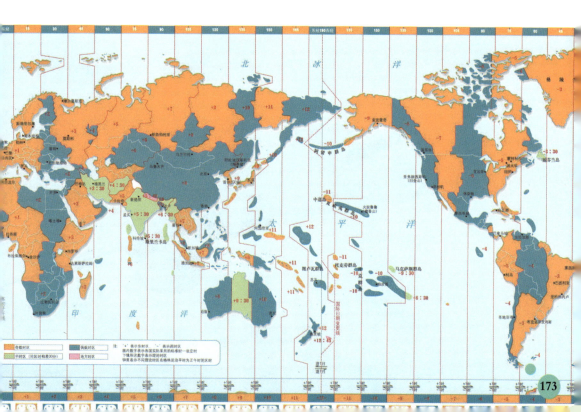

因此，到外国旅行的人，要想和当地的时间保持一致，就必须随时调整自己的钟表：如果是向西边走，每经过一个时区，就要把自己的钟表拨慢 1 小时；如果是向东走，每经过一个时区，就要把自己的钟表拨快 1 小时。

标准其实不"标准"

虽然有了严格的时区划分，但是在实际上使用上，有不少国家和地区都不是严格地按规定时区来计算时间的。一般都会把某一个地点所在时区的时间作为全国统一采用的时间，例如，中国全国统一的时间是首都北京所在的东 8 区的时间，称为北京时间；法国和荷兰等欧洲西部国家，虽然地理位置处在中时区内，但他们为了和处于东时区的欧洲大多数国家保持一致，也采用东时区的时间。

Part5  第五章

"动人的生命交响乐"——**生物钟**

交响乐总能给人带来震撼的视听感觉，而生活在世界上的生物的体内，也时时演奏着一支动人心弦的生命乐曲。

韵律奇妙的生命乐章

生命的美丽，在于其过程的复杂和奇妙。在生命这首时而波澜壮阔、时而风平浪静的乐章中，贯穿始终的旋律，是一曲动人的"生物节律交响乐"——生物钟。这是一只奇异的"钟"，虽然人们看不到也摸不到它，却无时无刻不在它的支配下活动。

生物钟又被称为生物韵律、生物节律、生理钟，它是生物体的生理、行为、形态结构等，在时间变化的影响下，做出的一系列周期性变化。生物钟存在于一切生物体中，被生物体内固有的时间构造所掌控，本质是生命活动内在的一种节律性。

和时间上的年、月、周、日、时相呼应，人体生物节律呈现出相应的周期性。譬如人的体温，在一天当中会随着时间的推移而出现"高音"和"低音""波段"：凌晨4点最低，下午6点最高。当然，人是感觉不到这种"高低不平"的体温变化的，因为它"起伏"的幅度不到1摄氏度。

如果人体发生疾病或其他危险，"生物钟"就会发出"警告"；如果体内的生物钟节律被毫无征兆地扰乱，人往往容易出现生理和心理上的不适感。因此，保持正常的生理节律，对防治一些疾病有重要的意义。相关研究结果表明，根据人体各方面的生理节律来制定作息时间表，不仅能有效提高工作、学习效率，还能很好地预防疾病，对缓解疲劳和防止意外也有一定的作用。

"听"生物钟的"话"

目前，科学家已经在人体中发现了一百余种生物钟，而且科学家还发现，生物界的生物钟具有各种各样的"姿态"。这座无形的钟表一旦运行，人就必须按照它的"指令"行事，否则就要付出失去健康的"代价"——这一点

已经为绝大部分人所认同。

在科学研究逐渐渗透到生活方方面面的今天，生物钟的研究也越来越向实际应用方面靠拢，还新生了一些专门的学科，如时辰治疗学、时辰药理学、时辰生物学等。由此可见，生物钟研究对促进医学、生物学相关领域的发展具有重大作用。也许在不久的将来，生物钟研究还会向更宽更广的科学方向拓展。

对整个人类来说，一昼夜是一个周期，人的血压、脉搏等生理指标，脑电波、心电波等生理信号，体力、智力、情绪等，无不随日夜更替做着周期性波动。常年"使用"相对稳定的"生物钟时刻表"的人，其健康状况也会相对较好，而紊乱的生物钟会导致生命体衰败甚至死亡。有一个真实的故事：一位"老寿星"因长寿被英国国王召见后，因生活规律骤然发生改变，而在短短一周内失去了生命，在此之前，他已经健康平安地度过了很长时间！犯类似错误的人并非只有英国国王一个，现实中也有许多孝顺的儿女，为了使父母安享晚年，将他们奉养在家中清闲度日。殊不知，这样做很容易破坏老人的生物钟，给他们造成健康隐患。所以，不要因为爱父母，就轻易地改变他们几十年固定的生活状态，有时候让他们坚持自己的生活习惯未必不是好事哟。

既然稳定的生物钟对人来说这么重要，那么我们就应该"听"生物钟的"话"，尽可能早地科学地认识它，进而合理地利用它，顺应它的"安排"。

探索时间奥秘

■ Part5 第五章

爱因斯坦也有**错**的时候

> 我们从小到大，都要听家长、老师的话，要尊重权威，不能怀疑伟大人物的言行。所有权威的话都是正确的吗？

一个力作用下的时钟

我们都知道，爱因斯坦是世界上继牛顿之后最伟大的科学家，他是人类有史以来智商最高的人，就是最聪明的人，他创造了许多有名的理论，这些理论通过实验陆续被证实。就是这样一个伟大的物理学家，却有一个理论被证明是错误的。

《论动体的电动力学》这篇文章，是爱因斯坦的相对论里面的第一篇论文，他在这篇论文里宣布：在任何条件都相同的情况下，同样的一个时钟，把它放在赤道上要比放在地球的两极处走得慢一些。他认为，在地球表面不同纬度的地点，时钟走速是不同的，赤道地方的钟一天内将比两极地方的钟慢。爱因斯坦的理论依据是：在不同纬度处地球表面的线速度不相同，

运动速度越快，时间越慢。当一物体以
光速运动时，它的时间是停止的；赤道
上线速度最大，离赤道越远越小，到两
极处为零，所以赤道上的钟就会比两极
的钟走得慢。

两个力作用下的时钟

这里，爱因斯坦显然只考虑到了时
间和速度之间的关联，而没有把地球的
引力同时考虑进去。我们都知道地球并不是正圆体，而是一个椭圆形的球体，
赤道周长比两极周长长一些，两极也就比赤道更接近地心，所以地心对两极
处的引力比赤道处的要大，地球引力越大，处于其作用下的物体运动速度越
慢。这两种因素综合起来，最后加在时钟上，对钟速的影响刚好相互抵消。

科学家也对此理论进行了飞行钟实验。实验结果测得飞行钟与地面钟相
差38毫微秒，这与35毫微秒的理论计算值是相符合的，证明了钟速与纬度
无关。也说明爱因斯坦当年的这个推断是错误的，赤道上的时钟钟速和两极
处的时钟钟速是一样的。

知识小链接

不管哪一个伟大的科学家，
他们在创立一个新的科学理论的
时候，都会受到当时技术条件的
限制。这个事例也启示后来的学
者，不能盲目崇拜权威，应根据
自己所掌握的知识，利用当时的
科技条件对这些理论加以检验，
对正确的理论继承，对错误的进
行修正或抛弃，人类才能更好更
快地进步。

Part5 第五章

没有黑夜的夏季——极昼和白夜

　　我们所过的每一天都是由白天和黑夜组成的：太阳升起就是白天，太阳落到地平线下，一切变得看不清了，黑夜就来临了。

在地球上，有一个地方，半年之内，太阳都不会落下去，一直是白天。这个地方就是地球的南北两极，一个真正有"日不落"现象的地方。

昼夜不落的太阳

　　在地球表面，南北纬 66.5 度的地方被人为规定为南北极圈，圈内地区在夏季会出现"太阳终日不落"的现象，叫"极昼"，也称"永昼"。在南极圈和北极圈以内的地区，每年都会有极昼和极夜。夏季时，太阳直射北半

球，极圈内的地区就出现极昼，南极圈内的地区则出现极夜；冬季时，太阳直射南半球，南极圈内的地区出现极昼，北极圈内的地区则出现极夜。极昼，并非指太阳是不动的，而是指太阳总是处在地平线之上，在一天的时间内仍然有高度和方位的变化。极昼在某个地方持续时间的长短，是被它所处的纬度不同"牵制"着的：在极圈上，一年当中仅有一天极昼和一天极夜；而纬度越高，极昼和极夜的天数也越来越多；到了地球的两极，即南北纬 90 度地区，则变为整年里有半年极昼和半年极夜，即纬度越高，极昼的持续时间越长。

明亮的夜晚

极圈之内的地区夏季会出现极昼现象，那么靠近极圈附近的纬度较高的地区，夏季会出现什么异常的情况呢？

在高纬度地区的夏季，在太阳处于地平线以下之后到第二天日出之前的

❖ 北极熊

这段时间里，夜空常常仍然很明亮，人们不需要借助灯光就能够和白天一样从事各种活动。这种现象叫作"白夜"，是大气对阳光折射和散射作用而形成的。

由于地球表面包围着一层厚厚的大气层，高空的大气对处在地平线以下的太阳光线有着折射和散射的作用，这些经过反射的光线被投射向

地球表面。

　　傍晚，太阳虽然落入地平线以下很久，但是天空由于被这些反射光线照射而久久无法陷入黑暗状态，人们把这种现象叫"昏影"；早晨，太阳还没有升上地平线之前，人们已觉得天亮了，人们把这种现象叫"晨光"。这种日出前和日落后很久天空都明亮的现象，我们称它为"晨昏朦影"，又叫"曙暮光"。而造成这种现象的根本原因是由于高纬度地区在夏季时，太阳落到地平线下只能达到一个很小的角度，人们把太阳中心在地平线

下 6 度作为民用晨光和昏影的界限，只有当太阳中心位于地平线下 18 度时，夜晚的天空才会变成真正的黑夜。

白夜出现在南北纬 48.5 度至 90 度的地区，其持续的时间长短也和纬度有关，纬度越高，持续时间越长。在 48.5 度地区附近，白夜出现的时间大约为一个半月；到了南北纬 56 度处，其持续时间超过 3 个月。